IBD(염증성 장질환)의 Healing Foods

IBD(염증성 장질환)의 Healing Foods

저자 _ 김 용 주

고려의학
KOMB Korea Medical Book Publishing Company

발간사

최근 20 여 년 동안 만성 염증성 장질환 환자의 수가 많이 증가하였다. 20~30 여년 전만 해도 매우 드물게 발생하였으나 산업화, 서구화와 함께 환자가 드물게 생겨나다가 1990년도 이후부터는 꽤 많은 환자들이 생겨나고 있다. 염증성 장질환은 만성 설사, 복통, 혈변 등이 주요 증상이며 합병증도 다양하고 다양한 약제치료를 시행해야 한다. 질병이 단번에 좋아지는 것도 아니며 재발과 악화를 반복한다. 환자들은 이 분야에 전문적 식견을 갖춘 소아 소화기 전문의에게 적합한 진료를 잘 받아야 한다.

그 동안 환자와 부모들은 이 질환을 이해하고자 노력하고 제대로 치료해보고자 무진 애를 쓴다. 환자와 부모 그리고 주변 친지들은 환자에게 어떻게 해주는 것이 도움되는 것인가를 알고 싶어 한다. 염증성 장질환을 치료할 때에 환자들은 꼭 묻는다. 그리고 의사는 반드시 주의를 준다. 무엇일까? 피해야 할 음식들, 도움되는 식단, 어떠한 성분의 영양분을 잘 챙겨 먹을지 등이다. 염증성 장질환 환자들은 증상도 중하기도 하지만 영양 부진과 만성 질환으로 인한 면역물질 대문에 대개 키가 작고 말랐으며 성장이 느리다. 질병이 잘 치료되고 성장을 도모하기 위해서는 올바른 영양섭취가 필요하다. 의사가 잘 설명해 준다 해도 환자와 보호자는 집에 도착하자마자 눈에 보이는 각종 맛있는 음식들, 외식할 기회가 있으면 맛난 음식들의 유혹에 넘어가곤 하고 그럼으로써 증상이 악화되거나 복부 불편감 때문에 병원에 다시 방문해야 하는 상황을 마주친다. 궤양성대장염보다 크론병 환자들에서는 어떻게 먹느냐가 질병 회복에 상당한 영향을 미치고, 이들은 특히 성장부진이 빈번하므로 성장이 억제되는 요인들을 찾아내는 검사 및 관리가 중요하다.

저자는 환자나 보호자들이 본 질병의 기전을 잘 이해하여, 이 질환을 치료하는 과정 속에서, 질병 특성과 연관된 영양관리를 잘 하게 되어 질병이 재발 및 악화 되지 않도록 이 책이 도움이 되기를 희망하는 바이다.

金 容 朱
한양대학교 의과대학 소아과학교실

목 차

01_ 염증성 장질환이란?

*

*

*

염증성 장질환에 해당하는 몇 가지 소장/대장 질환이 있고 이 모두를 포괄적으로 염증성 장질환이라고 부른다. 염증이라는 현상은 통증, 붓기, 발적, 발열이라는 병리현상을 일으킨다. 그래서 장관에 염증이 있으면 심한 복통, 설사, 혈변이 발생한다. 염증성 장질환의 대표적인 증상은 설사이다. 설사로 인해 환자들은 하루에도 열 번, 스무 번이나 화장실을 들락거린다. 단순한 염증 외에도 궤양이 발생한다. 궤양이 장에 발생하면 극심한 통증은 물론이거니와 출혈도 심해진다. 그 궤양의 모양은 흔히 사람 입 안에 자주 생기는 궤양과 비슷한 모습이다.

소화관의 해부학적 그림을 잘 관찰해 봅시다. 소화관의 기능은 우리가 섭취한 음식물이 우리 몸 안으로 잘 흡수되도록 하는 것이고 그로 인해 성장과 발달이 가능하게 된다. 사람의 입부터 항문까지를 소화관이라고 한다. 그 길이는 약 9 미터 정도 된다. 염증성 장질환에 걸렸다는 것은 소장이나 대장에 염증성 병변이 생긴 걸 의미한다.

02_ 염증성 장질환의 종류

*

*

*

염증성 장질환에 속하는 질환이 몇 가지 있으나 가장 대표적인 질환들은 크론병(Crohn's disease)과 궤양성 대장염(ulcerative colitis)이다.

크론병이란?

크론병은 소화관 어느 곳에든 발생하는 질환이지만 주로 우측 대장과 소장에 가장 많이 발생한다. 소장의 가장 끝에 해당하는 회장(ileum)을 중심으로 해서 질환이 여러 곳에 산재하기도 한다. 크론병은 입에서부터 직장, 그리고 항문주변의 피부까지 장의 어느 부분이든지 침범할 수 있다. 그러나 가장 침범되는 부분은 소장과 그 아래의 대장이다. 크론병의 염증은 장벽의 끝까지 침범한다.

염증이 회장에 국한하면 크론 회장염, 대장에만 국한하면 크론 대장염이라 칭하고 회장과 대장 모두를 침범하면 크론 회장대장염이라 칭한다.

크론병은 장의 점막 부분에만 병을 일으키는 것이 아니라 장벽의 모든 층을 침범하기 때문에 궤양, 염증, 붓기 등의 현상이 발생한다. 음식물의 소화/흡수가 잘 되지 않게 된다.

반면, 궤양성 대장염은 주로 대장에만 염증이 있다. 대장 전체가 다

침범하거나 어느 일부 대장만 침범될 수 있다. 장의 궤양과 손상은 외부 장벽의 끝까지 침범되지 않고, 오직 장벽의 안쪽 면, 즉 점막 측에 병변이 발생한다.

☑ 크론병의 주요 증상

- 설사(때로는 혈변)
- 복통(때로는 경련성 복통)
- 체중 감소
- 발열
- 탈수

이러한 증상들로 인해 환자는 매우 힘들고 지치며 식욕마저 사라진다. 식사 후마다 위장관 운동을 자극하여 극심한 복통이나 설사가 발생하기도 한다. 그로 인해 환자는 식사를 꺼리게 된다.

그러나 크론병의 증상이 누구에게나 똑같이 나타나지는 않다. 환자마다 증상은 다양하다. 어느 환자는 복부 불편감, 심한 복통과 설사를

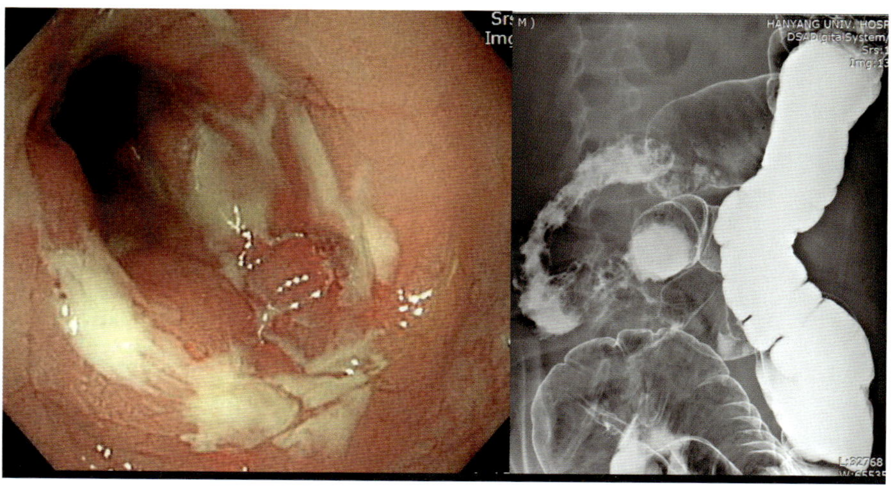

▲ 크론병 환자 (11세 남아)의 대장 내시경 소견과 바륨대장조영술 소견

호소하고 또 어느 환자는 복통은 별로 없으면서 가끔 설사만을 하기도 하다. 장의 염증의 정도가 깊어 장관의 모든 벽이 허물어지고 농양(abscess, 고름주머니)이 형성될 수 있고 장과 장이 연결되거나 장과 다른 장기가 연결되는 누공(fistula)이 형성되기도 한다.

궤양성 대장염이란?

궤양성 대장염은 대장과 직장(막창)에 염증과 궤양이 발생하는 질환이다. 이 염증으로 인해 수분이 재흡수 되지 않아 설사가 유발된다.

☑ 궤양성 대장염의 주요 증상

- 설사 (혈액이 섞인 설사도 잦음)
- 급히 대변이 나올 것 같은 증상
- 리본같이 가느다란 대변
- 복통, 경련성 복통
- 발열

염증과 궤양으로 인해 출혈이 생겨 대변과 혈액이 엉겨서 설사변으로 나온다. 설사, 혈변과 복통 이외에도 구역질, 피로감, 식욕부진, 체중감소가 생길 수 있다. 크론병처럼 증상이 다양하다. 질병이 발생하는 부위와 그 범위에 따라 다르기 때문이다. 대장 전 범위에 걸쳐 질병이 발생할수록 그 증상은 더 심하고 다양하다. 한 가지 다른 점이 있다면 크론병의 경우엔 병변과 병변 사이에 정상인 장점막이 관찰되지만 궤양성 대장염에서는 병변이 연속적이고 정상인 부분이 병변과 병변 사이에 없는 점이다.

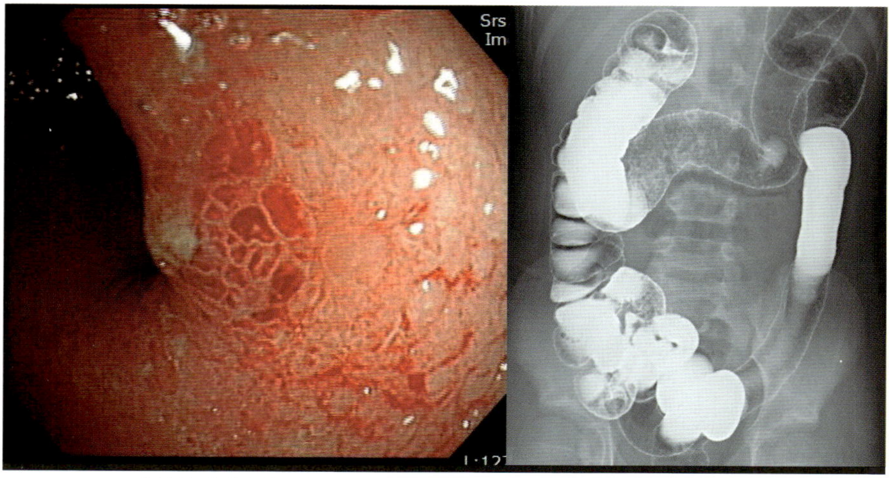

▲ 궤양성 대장염 환자(12세 남아)의 대장 내시경 소견과 바륨대장조영술 소견

직장에만 국한된 궤양성 대장염은 직장염(proctitis), 왼쪽 대장에만 국한된 경우는 좌측 대장염(left-sided colitis), 대장 전체에 걸쳐 병변이 있는 경우엔 전대장염(pancolitis)라고 칭한다.

궤양성 대장염이 "경련선 대장(spastic colon)"과는 다른 병이다.

경련선 대장(spastic colon)은 과민성 장 증후군 (irritable bowel syndrome) 이라고도 불린다. 이 병을 가지는 어린이는 염증성 장질환처럼 보이는 징후(설사와 복통)를 보일 수 있다. 하지만 과민성 장 증후군은 염증에 의한 것이 아니라 장 운동의 변화에 의해 생기는 것이다. 과민성 장 증후군과 염증성 장 질환 두 가지 모두 가지고 있을 수 있으나 대부분은 한가지 질병만 보인다.

염증성장질환의 빈도

한국에는 아직 정확한 통계 자료가 없다. 140만 이상의 미국인이 염증성 장질환을 앓고 있는 것으로 알려졌다. 다른 인종에 비해 유대인에서 3~6배 더 많이 발생한다 남자와 여자의 빈도는 동일하다. 크론병과 궤양성대장염이 모든 나이의 사람들에 영향을 미치지만, 15~35세의 젊은 사람들에 많다. 미국에는 염증성 장질환 때문에 고생하는 18세 이하의 소아 청소년 환자가 적어도 100,000명 정도로 추정된다.

그리고, 크론병 환자의 약 25%는 가족 및 가까운 친척 중에 크론병 또는 궤양성 대장염이 있는 가족력이 있어서 유전적인 소인이 있는 사람에서 발생이 잘 될 수 있다.

크론병과 궤양성 대장염의 임상 징후 및 차이점

크론병과 궤양성대장염은 다른 병임에도 불구하고, 이 두 가지 질병은 만성염증에 의한 비슷한 증상이 나타난다. 지속적인 설사, 복부의 통증, 혈변, 열, 체중감소는 크론병과 궤양성대장염의 중요한 증상이다. 그리고 이러한 증상은 성인과 어린이에서 동일하게 나타난다.

징후는 점차로 나타나거나 매우 갑자기 나타날 수도 있다. 때때로, 경한 증상을 보이다가 심한 증상이 나타날 수 있다. 돌이켜 보건대, 몇몇의 사람들은 실제로 그 징후가 오래 전부터 있어왔을지도 모른다.

- 크론병은 보통 복통과 설사가 가장 먼저 나타나는 증상이다. 확실히, 직장출혈은 궤양성 대장염보다 크론병에서 덜하다. 식욕의 감소, 체중감소, 성장지연은 공통의 증상이다. 크론병의 다른 증상은 항문주위, 그 주변의 피부, 그리고 항문 누관의 통증 등이다.
- 대부분의 젊은 사람은 혈성의 묽은 변을 본다. 복부 산통은 흔하며 대장운동이 지속된다. 몇몇의 어린이는 대장운동으로 인하여 잠을 깰 수 있다. 그러나 증상은 다양하다. 어떤 궤양성 대장염 아이는 설사 없이 단지 복통을 동반한 직장출혈만 있는 경우도 있다.
- 두 질환의 증상은 항상 장 내부에서 일어난다. 이 질병은 또한 발진, 입안의 통증, 관절통과 관절이 붓는 증상, 드물게 간장 질환을 일으킬 수 있다. 이것들은'장외증상'이라고 한다.

염증성 장질환의 장외증상

소화관과는 전혀 관계가 없는 다양한 증상도 발생할 수 있다. 크론병도 궤양성 대장염도 복부 증상 이외의 여러 증상을 초래하기도 한다. 다음에 열거된 증상들이 대표적인 증상들이다.

- **관절염.** 관절(주로 무릎과 발목)이 많이 붓고 아프고 움직이기 힘들어진다. 크론병 환자의 30%와 궤양성 대장염 환자의 5%가 관절 증상을 겪는다. 진통제가 도움되긴 하지만 장의 염증이 호전되면 관절의 증상도 따라서 호전된다.
- **구내염.** 재발성 구내염이고 장의 염증이 심해지는 시기에 주로 발생한다. 이러한 구내염은 장의 염증이 호전되면 소멸된다.

- **발열.** 발열은 염증의 정도를 나타내는 지표이다. 증상이 매우 심한 시기에는 열도 심하다. 그러나 다른 증상들보다도 수 주 이전에 발열만 단독으로 나타나는 경우도 드물게 있다. 장의 염증이 치료되면 발열도 소멸된다.
- **눈의 증상.** 눈에도 염증이 생기고 발적, 따가움, 광과민(photosensitive) 반응이 주 증상이다. 장의 염증이 심해지기 직전에 증상이 나타나고 장의 염증이 호전되기만 하면 소멸된다.
- **피부 증상.** 피부에 발진이 생기거나 다리에 붉고 아픈 결절성 발진이 나타난다. 이것도 장의 염증이 치료되면서 함께 사라진다.

03_ 염증성 장질환의 원인

*

*

*

어느 연령의 사람이든, 성별에 관계 없이, 한 살밖에 안된 아기도, 노인에게도 이 질환은 발생한다. 하지만 주로 15~25세의 젊은 연령에서 이 질환이 처음 발생하는 경우가 가장 많다.

염증성 장질환은 전염병이 아니다. 아무도 이 질환을 감기나 독감처럼 옮긴 것이 아니다. 또한 환자가 이 질환을 남에게 전파하는 것도 아니다.

그러나 그 외에도 원인적 요소로 추정되는 사항들이 있다.

아직까지 의사들은 이 병의 원인을 정확하게 모른다. 하지만 긴장, 근심, 식사가 크론병과 궤양성 대장염의 원인은 아니다. 또한, 이 병은 전염성이 아니다. 즉 사람과 사람 사이에 전염되지 않는다.

가능성이 있는 원인은 무엇일까? 대부분의 전문가들은 다양한 원인이 있다고 생각하고 있다. 즉, 여러 가지 환경이 영향을 미쳐서 염증성 장질환을 일으킨다는 의미이다. 가장 영향을 미치는 세가지는 다음과 같다.

- 유전적 소인
- 인체 면역시스템과 장내 미생물 환경의 항상성 붕괴
- 다양한 환경 물질

유전적 소인

환자들이 어디에서 이 병에 걸렸으며 도대체 왜 이 병에 걸렸을까? 많은 과학자들이 이렇다 할 원인들을 제시하기는 하지만 현재로는 정확한 원인은 아무 것도 밝혀지지 않았다. 염증성 장질환은 적어도 어느 한 부분은 유전적인 배경이 있다. 유전인자를 통해 한 가족에 환자가 대대로 발생하고 있다. 환자들의 20% 정도에서 혈연적 친척 중에 환자들이 있다.

한 가지 또는 그 이상의 유전자가 염증성 장질환을 일으키는데 영향을 미친다고 보인다. 그 후 환경의 어떤 종류의 "자극"에 의해 증상이 나타나게 된다. 이러한 자극은 바이러스나 세균일 수 있으나, 반드시 그런 것은 아니다. 그 자극이 무엇이든지 인체의 면역체계는 동작 개시하고 이 때부터 염증이 시작된다. 불행하게도 염증 성 장질환 환아의 면역체계는 부적절하게 조절되며 "종료"되지 않는다. 따라서 염증반응은 지속되며 대장을 따라 손상이 일어나고 궤양성 대장염과 크론병의 증상이 시작된다.

염증성 장질환과 궤양성 대장염은 가족에서 일어나는 경향이 있다. 비록 연구에서 15~20%의 환아가 가족력이 있는 것으로 보이나, 뚜렷한 유전의 양상을 보이지는 않는다. 백인에서 염증성 장질환을 다른 인종보다 더 많은 경향이 있다.

- 백인환자가 흑인과 라틴아메리카 사람과 아시아 환자보다 많다.
- 미국에서 염증성 장질환은 유대인에서 높은 발병율을 보인다.
- 과학자는 NOD2 / CARD 15로 불리는 유전자를 발견했으며 크론병의 20%에서 동반된다. 과학자들은 염증성 잘질환을 일으키는데 영향을 미

치는 유전자를 찾기 위해 열심히 연구하고 있다.

장내 미생물 환경의 항상성(symbiosis)의 붕괴(dysbiosis)

과학자들의 실험적 근거로는 염증성 장질환 환자들이 면역체계 결함을 갖고 있다고 한다. 면역체계란 다양한 세포와 단백질이 서로 조화롭게 협조하여 몸에 해로운 박테리아, 바이러스, 그리고 다양한 항원에 잘 대항하게 하는 시스템을 말한다. 우리 몸에 해로운 세균이나 바이러스가 침투하면 우리 몸의 면역체계는 곧바로 가동이 되어 유해세력 퇴치작전에 돌입하고 제대로 방어작용을 완수한 후에는 면역 활동이 멈추어야 한다. 그런데 이러한 비정상적인 면역체계를 갖고 있는 사람들이 있는데 그 중에 이 염증성 장질환 환자들도 포함된다. 염증성 장질환은 장내 미생물이 가장 많은 대장과 원위부 회장에 주로 발생한다. 대장균 중 부착성/ 침투성 대장균 (Adeherent/invasive *E. coli*. AIEC)가 상피세포와 대식세포 안에 존재하고 크론병 환자의 회장에 선택적으로 집중 군락을 이룬다. AIEC는 크론병 환자의 염증 있는 회장절제부의 2/3에서 발견되나 정상인의 회장에서는 6%에서만 발견된다. 크론병 환자의 회장세포에서 AIEC은 사이토카인 분비를 유도하여 면역체계가 지속적으로 가동이 되어 과도한 기능을 하게 되어 우리 몸 자체에 대하여 공격을 가하게 되고 그 목표물이 소화관이 되어 염증성 장질환이 발생하는 것이다 크론병에 걸린 회장에서 발견되는 *E. coli*는 독소를 생산하지 않지만 몇 개의 독성 유전자를 가지고 있는데, 이것은 인간의 장내 미생물이 아닌 요로 감염과 조류에서 감염을 일으키는 균주에서 발견된다. 이러한 결과를 토대로 하여 공생균의 기능적인 변화가 염증성 장질환의 병인에 기여한다는 가설이 성립한다.

크론병, 궤양성 대장염 환자의 장내 미생물총의 구성에 변화가 관찰되는데, *E. coli*를 비롯한 *Enterobacteriaceae*가 증가하고 *Clostridium*을 포함한 Firmicutes가 감소한다. *E. coli*는 대변, 점막, 육아종에서도 발견된다. 크론병과 궤양성 대장염 환자는 장내 미생물과 진균에 대한 T 세포와 혈청학적 반응을 보인다. 상기 사실들을 종합해보면, 염증성 장질환에서 장내 공생균의 구성 성분의 변화가 염증성 장질환의 발병에 기여한다.

염증성 장질환 발생의 환경적 인자

유전적 소인을 가진 한 개인에서 환경의 어떤 종류의 "자극"에 의해 질병이 발생하고 고유의 증상이 나타나게 된다. 이러한 자극 무엇이든지 인체의 면역체계는 '발동'하게 되며 개인의 면역시스템과 건강한 조직 구조에 대항하여 공격하게 된다. 이때부터 염증이 시작한다. 불행하게도 염증성 장질환 환아의 면역체계는 부적절하게 조절되며 "종료" 되지 않고, 계속되는 '진행형'이다.

식품, dysbiosis, 그리고 염증성 장질환

어느 식품을 많이 소비하느냐에 따라 질병이 발생할 수 있고 예방될 수 있다.

지방 섭취, 불포화지방산, 오메가 6 지방, 육류 섭취가 증가할수록 크론병과 궤양성 대장염 발생은 증가한다.

섬유질과 과일의 섭취가 증가하면 크론병 발생이 감소한다.

야채 섭취가 증가하면 궤양성 대장염 발생이 감소한다,

궤양성 대장염 환자가 치료를 잘 받아서 호전되었다가도 1년 이후에 재발하는 환자들에서 그 원인을 분석해보면 육류, 특히 붉은 고기나 육가공품을 많이 섭취한 경우의 환자들이 절반 이상이다.

이러한 현상들은, 어느 특정 식품이 장관에 직접적인 유해 요인이 될 수도 있고, 그 식품이 장관의 세균 환경 항상성에 영향을 미쳐 염증을 유발하게 하기도 한다. 크론병 환자들에서는 치료 초기에 금식을 하거나 성분영양식을 먹게 하면 장점막의 회복 속도가 상당히 증진된다.

04_ 염증성 장질환의 진단 방법

*
*
*

여러 가지 위장관 감염성 질환들과 다양한 만성 질환들의 증상이 염증성 장질환의 증상과 유사한 경우도 있기 때문에 반드시 소화기 분야 전문의사에게 감별 진단을 받아야 할 필요성이 있다.

여러분이 아프게 되어 자주 가는 병원에 가면 의사 선생님은 증상을 물어 보고 과거에 어떻게 아파 왔는지를 꼼꼼히 물어 본다. 그리고 가족, 조상과 친척들의 병력(medical history)을 알아본다. 염증성 장질환은 가족적으로 발생하는 경우가 있기 때문이다.

그리고 나서 혈액 검사를 하여 염증을 반영하는 소견이 있는가, 감염의 증거가 있는가, 빈혈이 있는가를 조사한다. 다음 단계는 대변 검사로 장출혈의 증거를 알아본다.

동네 병원 의사 선생님들은 여러 가지 결과를 다 종합한 후에 환자들을 소화기 분야 전문의사에게로 보낸다.

단 한가지의 검사로 크론병과 궤양성 대장염을 진단할 수 없다. 병력과 신체검진, 혈액검사, 바륨 X-ray검사, 상부와 하부 내시경검사가 필요하다.

☑ 혈액검사

혈액검사로 빈혈수치와 염증수치를 알 수 있다. 또한 장과 다른 곳의 염증이 있는지 알아보기 위하여 ESR 과 CRP 등을 검사한다. 최근

에는 염증성 장질환 환자의 장 면역체계를 바꿀 수 있는 다양한 항체를 발견할 수 있는 검사가 개발되었다. 이것들은 ASCA 와 pANCA 검사이다.

염증성 장질환 환자들은 영양장애가 워낙 심하므로 초기에 기본적으로 영양 평가를 해두고 향후 지속적 모니터 한다. 이에 해당하는 항목들은 다음과 같다.

- 혈청 비타민 A
- 혈청 비타민 D (25-hydroxy vitamin D)
- 혈청 비타민 E
- 프로트롬빈 타임 (vitamin K 부족 측정)
- 적혈구 엽산
- 혈청 비타민 B_{12}
- 혈철 철, 저장철, 구리, 셀레늄, 아연
- 혈청 칼슘, 인, 마그네슘

☑ 내시경검사

소화기 전문의는 대장 내시경 검사를 시행한다. 이 검사는 대장 안을 들여다 보는 간단한 검사로서 대장 안에 염증, 궤양, 출혈 등의 소견을 관찰하는데 필수적인 검사이다. 이 검사를 받을 때에 모니터에 장 소견이 동시에 나오므로 여러분들도 자신의 장 모습을 관찰할 수 있다. 장 점막에 병적 소견이 보이면 의사는 쌀알 크기의 작은 크기의 조직을 떼어 내어 병리검사실로 보낸다. 병리검사실에서는 그 조직을 특수 염색해서 병적 소견의 유무를 감별한다.

소화기 전문의는 대장 내시경 검사 이외에도 다른 내시경 검사를 시행한다. 이 검사는 상부위장관 내시경 검사로서 식도, 위, 십이지장을 검사하고, 대장에서와 같이 염증, 궤양, 출혈 등의 소견을 관찰한다.

내시경 검사는 카메라가 장착된 관을 입안을 통하여 넣어 상부 위장관을 관찰하거나 항문을 통하여 넣어 하부 위장관을 관찰할 수 있다. 상부위장관 X-ray 검사에서와 마찬가지로 상부내시경 검사는 공복에 시행하여야 한다. 아이들은 검사를 편안하게 하기 위하여 수면내시경을 해야 한다. 대장 내시경 또한 비슷한 방법으로 이루어진다. 아이들은 대장 내시경을 받기 하루에서 이틀에 물과 하제를 먹게 되며 이를 통해 검사 시 대장을 관찰하는데 선명한 시야를 확보할 수 있다. 또한 염증소견을 보기 위하여 조직검사를 시행한다. 조직검사는 눈으로 관찰할 수 없는 것을 현미경을 통하여 비정상적인 형태를 관찰할 수 있다.

내시경을 시행하는 의사들은 자신들이 선호하는 하제와 수면제가 있다. 만약에 이 약을 사용하는 것에 대해 걱정이 된다면 주치의와 상의 한다. 적절한 검사 없이는 염증성 장질환을 진단할 수 없다. 왜냐하면 크론병과 궤양성 대장염은 다른 질환들과 비슷하기 때문이다. 일부 환아에서는 염증성 장질환이 궤양성 장질환인지 크론병인지 확인하기가 쉽지 않다. 의사는 이 둘을 구별하기 위하여 추가적인 혈액검사를 시행하여야 한다. 드물게 "상세불명의 장염"이라는 진단명을 듣게 된다. 이러한 상세불명의 장염은 5세이하 어린 환아에서 흔하다.

☑ 영상의학 검사 (방사선 검사)

내시경 검사 이외에도 영상의학 검사를 시행한다. 하얀 우유 같은 조영제라는 용액을 먹고 상부 위장을 찍는 검사를 하고, 이 조영제를 항문을 통해 대장으로 넣어 대장을 촬영하는 검사들을 시행한다. 이 검사를 받을 때에 몸에 들어간 이 하얀 바륨이라는 용액은 흡수되지 않고 하루 이틀 안에 몸 밖으로 대변을 통해 배출되므로 몸에 대한 부작용은 걱정하지 않아도 된다. 이러한 영상의학 검사들의 목적은 소화관 전체의 해부학적 모습을 의사에게 제공하여 의사가 올바른 진단을 할 수 있게 도와주는 것이다.

염증성 장질환이라고 확실하게 진단을 받는다고 해도 그것으로 검사가 완료되지는 않는다. 치료 중에도 정기적으로 혈액검사, 내시경 검사, 소변 검사, 대변 검사들이 시행된다. 혈액검사의 목적은 영양분의 소화/흡수가 잘 되어 몸 안의 영양 수치들이 향상되는지, 약물의 부작용으로 인해 혈구 수의 변화라든가 간 기능의 이상이 있는가 등을 알아보기 위함이다. 또한 호전된 질병이 다시 재발과 악화를 할 가능성이 있는지도 혈액 검사들을 통해 알게 된다. 이러한 종합적인 검사 결과들을 바탕으로 하여 환자들은 본인의 상태를 정확히 파악하게 되고 덜 불안해 하게 된다.

05_ 염증성 장질환의 치료

*

*

*

크론병과 궤양성 대장염은 만성 질환이므로 장기간의 치료가 필요하다. 치료 약제의 종류는 병의 심한 정도, 병변의 부위, 합병증의 종류에 따라 결정된다. 대개의 경우 치료의 궁극적인 목적은 염증의 치유이다.

많은 종류의 약제가 치료제로 사용된다. 어떤 약제도 완벽한 치유에 도달케 하지는 못하지만 꽤 호전된 상태로 잘 지낼 수 있도록 도와준다. 질병이 약제에 의해 잘 반응하면 환자의 증상은 소멸된다. 이러한 상태를 관해(remission)되었다 라고 한다. 이러한 관해 기간은 수개월 내지 수 년 지속될 수 있다.

☑ 염증성 장질환 치료의 목표

- 급성 발병 상태를 관해 상태로 호전 시키기 위함.
- 질병의 관해 상태를 지속시키기 위함.

질병의 상태가 발병 시와 같이 심해지거나 증상이 다양해지고 심해진 경우를 재발(relapse)하였다 라고 한다. 크론병과 궤양성 대장염은 관해와 재발을 반복하는 것이 특징인 질환이다.

염증성 장질환의 임상적 특징은 환자마다 천차만별이므로 치료계획도 매우 다양하다. 우선, 치료약물은 병변의 부위가 어느 곳이냐에 따라 결정된다. 어느 약은 소화관의 어느 지점까지만 도달하여 약물효과를 발휘하고 어떤 약은 대장 끝까지 도달한다. 이렇기 때문에 소화기 전문의가 다양한 검사를 시행하는 것이다. 치료하는 의사가 치료 약물의 종류와 조합을 결정하려면 수 주의 시일이 걸린다. 일단 한 약물을 써봐서 그 약제로 인해 증상과 검사소견이 호전되면 그 약물을 지속 사용하는 걸로 결정한다. 반면 별로 호전된 기미가 보이지 않는 경우에는 다른 약물로 교체하여 수 주 동안 그 반응을 관찰하고 동일한 기대에 미치는가를 결정해야 한다. 그리고 약제가 결정되면 그 후에는 용량을 조절해 나간다. 의사는 적은 용량으로 많은 효과를 내는 약제의 조합을 결정해야 한다. 염증성 장질환의 치료에 여섯 계열의 약제가 사용된다.

- **아미노살리실레이트(aminosalicylates).** 이 약제는 아스피린 계 약제이며 염증성 장질환에서 가장 많이 이용된다. 질병의 정도가 경하거나 중등도인 상태의 환자에게 처방된다. 여기에 속한 약제는 메살라민, 발살라진, 설파살라진, 올살라진 등이 있다.
- **코티코스테로이드(corticosteroids).** 두번째로 많이 처방되는 약제이다. 작용시간이 신속하기 때문에 급성 발병기에 일차 약제로서 많이 사용된다. 전신적 코르티코스테로이드 약제 사용으로 관해 유도가 이루어 진다. 질병의 범위와 중증도에 따라서 경구, 정맥 혹은 국소적으로 사용할 수 있다. 경 · 중등도 질환에서 70~90%의 임상적 관해 효과가 이루어 진다. 염증을 억제하기도 하지만 몸의 정상적인 면역 반응을 억제한다. 프레드니손과 메칠프레드니소롤론을 가장 많이 처방한다. 이 스테로이드는 운동선수들과 바디빌더가 애용하는 스테로이드와는 다른 약제이다. 2~4주간의 사용 후에 임상증상의 호전이 있으면, 수주에 걸쳐서 감량한다.
- **항생제.** 소화관 내에 존재하는 많은 세균들 중에서 유익한 세균과 유해

한 세균의 균형을 잘 맞추기 위하여 항생제가 필요하기도 하다. 주로 사용되는 약제는 메트로니다졸과 사이플로르록사진이다. 항생제는 크론병의 급성기에 많이 사용된다.

- **면역억제제.** 염증성 장질환에 사용되는 면역억제제들은 머캅토퓨린, 아자치오프린, 메토트렉세이트 등이다. 앞의 두 가지 약제가 가장 많이 사용된다. 말 그대로 면역 반응을 조화롭게 조절한다. 장기간 관해 약물요법 시에도 자주 처방된다.
- **싸이클로스포린**(Cyclosporines)**와 타크로리무스**(Tacrolimus). 이 약제들은 면역억제제로서 면역체계에 작용하지만 면역조절기능을 하는 것은 아니다. 스테로이드 요법에 반응하지 않는 아주 심한 궤양성 대장염 환자에게 사용된다.
- **생물학적 제제** (Anti-tumor necrosis factor-alpha, anti-TNF-α). 크론병의 염증 발생 기전에 type 1 helper T cell (Th1) 싸이토카인인 interferon gamma, TNF-α, IL-12가 관여하는 것으로 알려져 있다. 다수의 TNF-α 차단제가 개발되어 있다. 위에 언급한 약제들 사용에도 호전되지 않는 환자, 장루(fistula), 항문 누공 등의 합병증이 발생한 환자들에게 사용된다. 이 약제의 부작용은 주사부위 국소반응, 급성 및 지연성 투여반응, 감염, 심부전, 탈수초 질환, 종양, 자가면역질환 등의 보고가 있으며 임상적으로는 급성 투여반응과 감염이 흔한 문제가 된다. 향후 장기 사용에 대한 안전성 연구가 필요하다. 가장 흔한 부작용은 두통, 상기도 감염, 복통, 주사부위 반응, 오심 등이 보고 되어 있으며 심각한 감염의 위험도 있으므로 환자에게 감염의 징후를 잘 분별할 수 있도록 교육시키는 등 면밀한 관찰이 요구된다.

  다음과 같이 여러 종류가 개발되어 있다.

  – *인플리시맵*(*infliximab, Remicaide*®): 최초에 개발된 생물학적 제제. 75%는 인간, 25%는 마우스의 서열로 이루어진 이성접합체. 염

증성 장질환 이외에도 류마티스 관절염, 강직성 척추염 등의 치료제로 FDA 승인되었다. 스테로이드, 항생제, 면역억제제 등의 치료에 반응하지 않는 중증 또는 누공성 크론병환자에서 보험급여 인정된다.

– *아달리무맵(adalimumab, Humira®)*: TNFα에 대한 사람 항체. 류마티스 관절염, 크론병의 치료제로 미국 FDA 승인을 받았다. 크론병의 관해유도 및 유지 치료로 효과적이며, 인플리시맵에 반응하지 않거나 재발한 환자의 치료로도 유용함이 인정되었다.

– *나탈리주맵(natalizumab,Tysubri®)*: 크론병 환자에 성인 치료제로 2008년 승인되었다. 스테로이드에도 반응이 없는 경우나, 스테로이드를 끊을 수 없는 경우에 사용해 볼 수 있으며 스테로이드제를 투약하던 환자들은 타이사브리 투약시 스테로이드 용량을 점점 줄여나가며 6개월 이내 스테로이드를 중단할 수 없을 때에는 반응이 없는 것으로 간주하여 타이사브리 치료를 중단한다.

– *셀토리주맵(certolizumab, Cimzia®)*: 기존 치료에 적절한 반응을 보이지 않는 중등도 이상 크론병의 치료제로 FDA가 2008년 승인했다. 면역 체계에 영향을 미치기 때문에, 생명을 위협할 수 있는 감염에 대한 위험이 증가할 수 있으며, 종양 괴사 인자를 막기 때문에, 임파종과 다른 암 발병의 위험성이 증가할 수 있다.

• **영양치료.** 사실 영양치료는 약물치료가 아니다. 하지만 약을 먹는 것과 같은 효과를 가져오기도 할 수 있다. 식이치료는 소화가 잘되도록 조제된 유동식을 입이나 관을 통하여 투여한다. 또한 정맥주사를 통하여 영양을 공급할 수 있다. 정맥주사를 통한 영양공급은 장이 쉴 수 있는 기회를 제공해준다. 특수 영양식이 일반적인 음식을 대신하여 사용되며, 특별 식사요법(경장영양)과 총정맥영양은 약물치료가 효과적이지 않거나 많은 부작용을 일으킬 때, 특히 크론병을 앓고 있는 환아에서 사용된다.

식이치료에 관한 내용이 이 책의 주요 내용이므로 이후에 상세히 기술되어 있다.

위에 언급한 약제 치료들을 하루 종일 여러 번 투여 받는 것은 아니다. 모든 소아 환자들은 친구들과 놀 때, 학교에 있을 때 약 먹는다는 것을 드러내고 싶은 아이는 거의 없다. 그리고 이 약제들도 부작용이 있다. 그래서 때로는 질병의 상태보다도 약물의 부작용으로 인해 더 고통스러워지는 일도 있다. 약 부작용으로 인해 때로는 두통이 매우 심해지거나 자신을 내던지고 싶은 충동이 들 때도 있다. 스테로이드 계열의 약으로 인해서는 얼굴이 퉁퉁 부어 오르고 달덩이 얼굴처럼 된다. 이 경우 염분 섭취를 많이 제한하면 붓기를 방지한다. 스테로이드로 인해 우울감이나 불안초조감 같은 감정 변화를 일으키기도 하고 얼굴에 여드름이 생기기도 하지만 너무 좌절하지 말자. 이러한 약제 부작용은 약 사용을 중단하면 곧 소멸된다. 여러분의 의사는 이러한 면도 세세히 잘 안내해 줄 것이다.

부작용이 겁도 나겠지만 처방 받은 약제들을 꾸준히 잘 참고 잘 투여해야 한다. 스스로 약 먹는 시간을 건너뛰거나 간혹 임의로 중단하고 싶은 유혹이 있을지라도 절대 그러면 안 된다.

- 몸의 상태와 기분이 아주 좋더라도 약제 복용을 꾸준히 한다.
- 규칙적 시간 간격을 맞춰가며 약제복용을 잘 하는 것이 매우 힘들지라도 약물 복용을 꾸준히 한다.
- 이 약제를 잘 복용하면 반드시 건강해지고 호전된다는 사실을 명심한다.

염증성장질환 치료에 있어서 가장 흔한 부작용

모든 약에는 부작용이 있으며 염증성 장질환 또한 예외가 아니다. 염증성 장질환 치료 약제에서 나타날 수 있는 주요 부작용은 다음과 같다.

- **아미노살리실레이트(aminosalicylates)(5-ASA).** 일반적으로 안전하며 다양한 종류가 있다. 가능한 부작용은 설사와 두통, 구역 등이 있다. 이러한 부작용을 줄이려면, 첫 번째 투약 시 적은 양부터 시작하여 용량을 점차 증량시킨다. 이러면 부작용을 감소할 수 있다. 의사는 부작용이 일어나는지 주의 깊게 관찰하며 약을 계속 사용할지, 용량을 줄일지, 다른 약으로 바꿀지 등에 대해 결정하게 된다.
- **코티코스테로이드, 프레드니손.** 얼굴의 둥그래지며, 여드름, 식욕의 증가, 체중 증가 등이 나타난다. 이 약은 뼈에서 숨이 빠져나가 골절이 쉽게 일어나게 한다. 또 다른 부작용으로는 당뇨, 고혈압, 감정의 급격한 변화 등이 발생할 수 있다. 스테로이드치료를 오래 받은 사람은 반드시 안과 검진을 받아야 한다. 왜냐하면 녹내장과 백내장이 생길 수 있기 때문이다. 프레드니손은 감염과 싸우는 몸의 능력에 영향을 미친다. 만약에 아이들이 감염되면 (특히 수두바이러스) 의사에게 상담하여야 한다. 하지만 가장 염려되는 부작용은 뼈의 성장을 억제하여 키 성장에 부정적 영향을 미친다는 점이다. 게다가 염증성 장질환 환아들은 음식물과 영양소의 흡수가 잘되지 않기 때문에 다른 친구들보다 키가 작다.
- 또 다른 중요한 부작용으로는 부신이"잠들어"버린다는 것이다. 부신은 혈액에 있는 코티졸과 프레드니손을 감지한다. 프레드니손을 매일 먹을 때 부신은 기능을 멈추게 된다. 일단 기능을 멈추면 다시 코티졸을 생산하는 데는 시간이 걸린다. 오랜 기간 프레드니손을 복용할수록 부신이

코티졸을 다시 생산하는데 시간이 더 필요하다. 이것이 프레드니손 치료를 서서히 끊어야 하는 이유이다. 프레드니손은 주치의와 상의 없이 끊으면 안 된다. 감염이나, 수술, 치과치료 또는 사고 등이 있을 때는 프레드니손의 증량이 필요하다. 만약 이러한 스트레스가 있을 때는 의사에게 알려준다.

- 프레드니손의 부작용은 용량이 줄어들면 감소한다. 부작용은 보통 약을 끊으면 사라진다. 고혈압은 저염분 식사로 예방할 수 있다. 대부분의 경우에서 프레드니손은 안전하게 투여될 수 있으며 심각한 부작용은 나타나지 않는다. 프레드니손은 염증성 장질환에 있어서 단기 치료로서 매우 효과적이다. 오랜 기간 사용에 있어서 잠재적인 부작용과 이익을 저울질 해야 할 것이다.
- **면역억제제.** Azathioprine 과 6-mercaptopurine. 구역이 있을 수 있으며 백혈구와 적혈구 수치를 낮춘다. 또한 췌장염과 간염을 일으킬 수 있다. 메트로니다졸은 구역을 일으킬 수 있으며 복부의 불편감과 입안에서 금속 맛이 나고 손과 발이 저릴 수 있다. 또한 소변이 검게 나올 수 있다. 혈액 검사로 6-mercaptopurine과 azathioprine의 부작용을 감시할 수 있다. 부작용은 가역적이며 약 용량을 낮추면 좋아진다.
- **생물학적 제제.** 주사부위 국소반응, 급성 및 지연성 투여반응, 감염, 심부전, 탈수초 질환, 종양, 자가면역질환 등의 보고가 있으며 임상적으로는 급성 투여반응과 감염이 흔한 문제가 된다. 향후 장기 사용에 대한 안전성 연구가 필요하다. 가장 흔한 부작용은 두통, 상기도 감염, 복통, 주사부위 반응, 오심 등이 보고 되어 있으며 심각한 감염의 위험도 있으므로 환자에게 감염의 징후를 잘 분별할 수 있도록 교육시키는 등 면밀한 관찰이 요구된다.

06_염증성 장질환을 진단받은 후의 환자와 부모의 대처

*

*

*

진단의 충격

환자 본인이 지금 염증성 대장염(궤양성 대장염 또는 크론병)이라고 진단받았다. 환자뿐 아니라 부모님도 이 질환에 대해 이제까지 들어보지 못했을 것이다. 그리고 지금, 자녀가 이 질환에 걸렸다. 이 병은 완치되지 않는다는 의사의 말에 걱정은 점점 늘어난다. 지금 무척 놀라고 무서울 것이다. 당연하다. 아마 궁금한 것이 많을 것이다. '어떻게 내 자식이 이 병에 걸렸는지', 그리고 '지금부터 앞으로 얼마나 많은 일이 닥칠지' 걱정된다. 예를 들면, 아래 사항들이 궁금할 것이다. '내 아이는 전처럼 친구와 학교에서 어울릴 수 있을까?' '특별한 식이요법은 필요한가?' '수술은 필요할까?' 등 여러 혼동이 생기게 된다.

이 질문에 대한 답변과, 크론병과 궤양성 대장염에 대한 중요한 포인트에 대하여 아는 것이 이 책의 목적이다. 하룻밤에 전문가가 되진 못하겠지만, 점차로 많은 것을 알게 될 것이다. 그리고 더 많이 알수록, 더욱더 아이를 위한 조언자가 될 수 있다. 거기에 더불어, 부모님은 자녀의 건강 관리 팀의 중요한 일원이 될 것이다.

만성 질환이 어린 시절이나 청년기에 진단되면 어린이만이 영향을 받는 것이 아니다. 그것은 가족전체에 영향을 미친다. 부모로서 자신의 자녀가 신체적, 감정적인 아픔을 겪는 것을 보는 것은 힘들다. 부모

라면 '할 수만 있으면, 그 고통을 대신 받고 싶을 것'이지만 그렇게 하지 못한다. 대신에 부모가 할 수 있는 바람직한 일은 자녀가 잘 돌봐지고, 최선의 의료 서비스를 받는 것이다.

만약 집안에 다른 형제, 자매가 있다면, 그들은 환아의 상황과, 이것이 그들 삶에 미칠 영향에 대하여 이해해야 한다. 부모는 다른 형제, 자매들에게 이전보다 더 많은 시간을 할애할 수 없으나, 이전과 마찬가지로 자신들이 여전히 사랑 받고 있다고 느끼게 해줘야 한다. 마지막으로 부모는 가족이나 친구들과 병에 대한 정보를 공유하고 싶을 것이다. 여기저기 인터넷 상에 수많은 정보와 동호회가 있지만 순순한 의도와 선의의 목적으로 운영되는 사이트가 별로 없다. 특히 영양문제, 어떠한 식품을 선별해서 섭취해야 하는지, 영양 부족 분제를 어떻게 해결해야 하는지, 특정 영양소의 결핍의 예방과 치료 방법 등에 대하여 이 책에서 설명되어 있으므로 참조를 잘 하면 좋겠다.

스트레스와 염증성 장질환과의 관계

여러 해 전까지는 염증성 장질환의 원인이 스트레스라고 믿어 왔다. 그러나 반드시 그렇지만은 않다. 적어도 맞는 사실은 스트레스와 감정 변화가 질병 악화 인자로서 작용할 수 있다는 것이다. 이러한 점은 다른 만성 질환들의 경우와도 비슷하다. 청소년들은 스트레스 파도 속에서 살고 있다. 가장 대표적인 것이 학교출석, 시험과 숙제이다. 환자들은 학교에 결석하는 일이 빈번하고 이는 학교성적에도 영향을 주고 친구들과의 관계에도 영향을 준다. 또한 질병 자체가 가져오는 통증이라는 것만으로도 환자는 극심한 스트레스를 겪는다. 이 모든 것들을 피해서 살 수도 없으니, 환자와 그 가족들은 이 스트레스를 잘 이기며 스트레스를 스트레스로서 여기지 말고 슬기롭게 잘 참아야 하겠다.

☑ 스트레스를 이기기 위한 몇 가지 조언

- 스트레스를 긍정적인 방향으로 생각하자.
- 심호흡을 하고 마음을 안정시켜 보자.
- 규칙적인 운동을 하면 마음과 정신이 맑아진다.
- 좋아하는 취미활동을 하고 보람 있는 소일거리들을 찾아보자.
- 자신을 신뢰해주는 든든한 조언자(친구, 부모, 의사, 선생님)가 도움이 된다.
- 이 병의 노예가 되지 말고 병을 다스리겠다는 마음을 가진다.

염증성 장질환을 잘 이겨내려면?

여러분들은 이제 아기가 아니므로 이 질병을 잘 다룰 줄 알아야 할 필요가 있겠죠? 염증성 장질환의 치유를 위한 다양한 사항들을 잘 아는 것이 무엇보다도 중요하다. 만성 질환이라는 것은 그 누구도 잘 이기기가 힘든 질환이다. 그러나 이 질환은 평생 지속될 가능성도 있기 때 여러분은 지금은 학생이지만 잠시 후면 대학생이 되고 사회 일원이 되고 부모가 되므로 이 질병에 지지 말고 잘 극복해야 한다.

무엇보다도 담당 의사와 친밀해져야 한다. 의사는 환자를 도와주려고 항상 대기하고 있기에 환자의 건강 플랜의 가장 좋은 파트너이다. 의사가 지시하고 권유하는 사항들이 너무 많고 본인의 맘을 몰라주는 것 같고 실천하기에는 무리가 될 것 같아 의사가 때로는 답답하게 느껴지고 미워질 수 있다. 그러나 건강해지기 위해서는 의사의 모든 권유를 실천하려고 하는 의지표명이 중요하다.

☑ 반드시 준수해야 할 사항들

- 본인의 증상을 잘 기록하여 의사에게 전달하여 의사가 질병의 진행 사항을 잘 파악하게 한다.
- 의사가 처방한 약물요법을 잘 따라 한다.
- 병원 진료 약속을 맞추고 의사와 자세한 상담을 잘 하려고 노력한다.

한 가족에 염증성 장질환 환자가 생기면 모든 가족들도 다 같이 힘들다. 물론 여러분 자신이 환자이기에 본인 자신을 보호하고자 하는 상황이 더 자주 발생하지만 가족들 특히 부모는 여러분이 아파하는 모습을 보고 더 가슴이 찢어지게 동일한 고통을 겪는다. 그렇지만 어떤 경우에는 환자 자신이 하기 싫은 것들을 많이 강요하기도 한다. 예를 들면, 먹기 싫은 약을 먹게 하고, 아무거나 먹지 못하게 하고, 하기 싫은 대장 내시경 검사 또 받게 한다. 이 모든 것이 여러분을 사랑하기 때문이라는 것을 잊지 말자. 그리고 질병의 고통이 심할 때, 즉 복통이 심하거나 혈변을 보거나 설사기 심할 때에 부모님께 숨기지 말고 다 털어 놓고 상의한다. 약을 먹어도 호전이 안 되는 것 같다고 생각되거나 기분이 엉망인 것도 부모님과 먼저 상의 해야 한다. 절대로 모든 고통을 혼자 감수하려고 하지 말아야 한다.

07_ 염증성 장질환과 성장부진

*

*

*

성장부진은 특히 크론병 환아에서 주요 문제점 중의 하나이다. 크론병이 진단되기 이전에 이미 대부분의 환아는 성장부진을 보이며, 치료하는 내내 이 문제를 극복하기 위해 의사와 부모가 매우 골머리를 앓는다. 궤양성 대장염 환아들은 진단시기 이전에, 진단된 이후 추적기에도 크론병에 비해 그리 두드러지게 성장부진을 보이지는 않는다.

크론병 환아에서 왜 그리도 성장 부진이 많은가 하는 요인들은 아래와 같이 나열해놓았다.

☑ 크론병에서 성장부진을 유발하는 요인들

- 부족한 식사: 소화기 증상 악화에 대한 두려움
- 대변을 통한 영양소 손실: 장점막 병변을 통한 영양분 소실
- 영양요구량 증가: 발열, 만성 소모증
- 스테로이드 치료: 인슐린양성장인자(IGF-I) 억제
- 질병 활동성: 사이토카인(cytokine)의 성장 억제 작용

만성적인 영양부족이 가장 대두되는 요인이지만, 최근 더욱 중시되는 이슈는, 염증이 존재하는 부위에서 방출되는 여러 가지 사이토카인(pro-inflammatory cytokines)이 성장을 직접적으로 억제하기 때문이다. 그러므로 영양 부족 해결과 염증의 완화 이 두 가지를 극복하면 환아는 성장장애를 이길 수 있다.

염증성 장질환에 걸리면 어린이든 성인이든 한 가지만 제외하곤 증상들은 같다. 성인은 이미 성장이 완료되었고 더 많은 영양소를 필요로 하는 발달단계를 이미 지난 사람들이므로 간혹 체중이 감소할지라도 외견상 평상시와 그다지 차이는 없다.

그러나 성인 이전에 염증성 장질환에 걸리게 되면 복통으로 인해 별로 많이 먹지 못하게 되고, 또한 잘 먹는다 하여도 영양분의 소화 흡수가 잘 되지 않아 영양 소실이 많다. 치료제 중에는 정상적인 성장을 방해하는 약제도 있다. 그렇기 때문에 **소아/청소년 환자들은 정상적인 성장이 잘 안되고 또래 친구들보다 더 뒤쳐지는 경우가 많다.** 키만 작은 것이 아니라 외모도 또래들보다 더 어려 보인다. 예를 들면 실제 15세일지라도 외모상 10~12세로 보이는 경향이 있다. 복통이나 설사 같은 험한 증상들을 아무리 잘 이겨내고 있을지라도 이러한 키와 외모 문제는 더 견디기 힘들 수도 있다.

더구나 한창 키가 커야 할 시기에 염증성 장질환이 돌발하는 경우가 많다. 키가 한창 클 때는 어떤 어린이는 한 해에만 10~15 cm씩 자란다. 이렇게 빠르게 성장하는 친구들과 견주어볼 때 환자들의 마음은 더 참담해진다.

염증성 장질환의 발생에 관여하는 면역인자 중 사이토카인(tumor necrosis factor alpha, TNFα가 대표적)은 과도한 스트레스 인자로서 성장 자체를 억제시킨다. 이 TNFα를 억제하는 약제인 infliximab으로 치료받고 치료효과가 발휘되면 질병 증상이 좋아질 뿐 아니라 신장도 쑥쑥 증가하는 환자가 적지 않다.

한 가지 기쁜 사실이 있다. 염증성 장질환 환자들이 서서히 성장하지만 어느 시점에 가면 정상 키에 도달한다는 것이다. 영양 섭취가 잘 공급되고 올바른 약물치료를 꾸준히 잘 하다 보면 정상 성인 신장에 도달

할 수 있다. 여러분의 주치의는 여러분이 잘 성장할 수 있도록 도와준다. 친구들보다 작다고 기죽을 이유 없다. 정상적으로 보이는 여러분의 친구들도 다들 자기들만의 외모 컴플렉스는 다 갖고 있으니까.

성장이 늦어지면 사춘기의 시작도 당연히 늦어진다. 사춘기란 여러분의 몸이 어린이 모습에서 어른 모습으로 변해가는 시기이다. 친구들은 여성화/남성화 되더라도 여러분들은 그렇지 않을 수 있다. 모든 환자들의 사춘기 돌입 시기가 똑같이 늦는 것도 아니고 개인차가 많이 있다. 다양하기는 해도 환자들은 질병이 치유되면서 자연스럽게 사춘기에 돌입하고, 서서히 성장도 잘 하게 된다.

08_ 염증성 장질환 환자의 영양 관리

*

*

*

입으로 들어가는 모든 것이 소화관에 영향을 미친다. 질병의 상태가 더 심해질 때, 환자는 자신이 섭취하는 음식물을 점검할 필요가 있다. 질병의 악화가 몇 가지 음식물 섭취로 인해 유발되는 것은 아니지만 그 음식물 때문에 증상이 더 심해질 수는 있다. 급성 발병기나 증상이 심한 경우에도 어느 음식은 장을 더 편하게 한다. 유제품과 고섬유질 식품(생과일, 야채) 섭취를 줄이면 복부 증상이 많이 경감되고, 또 어느 환자는 고지방 식품을 줄인 후에 증상이 많이 줄어든다. 같은 질병이라도 음식에 대한 반응이 환자마다 다르게 나타난다. 어느 특정한 식품으로 인해 복부 증상이 심해지면 그 음식을 멀리 할 필요가 있다. 음식 일기를 작성하는 것도 좋다. 주치의는 환자와 임상영양사를 만나게 해주고 음식에 관한 자세한 상담을 받고 가장 적합한 식단을 계획할 수 있도록 해줄 수 있다. 임상영양사와 식단 계획을 짜고 환자가 경험해 온 속 편한 음식들을 잘 챙겨서 건강에 유익한 생선, 살코기, 채소, 과일 다 섭취할 수도 있다. 환자는 어느 음식을 먹어야 복부 증상이 유발되지 않는지를 스스로 잘 알고 있게 되므로 시간이 지나면 친구들과 외식도 할 수 있고 단체 생활 할 때 겉돌지 않게 될 수 있다. 많은 부모들은 무조건 급식 못 먹게 하고, 무조건 돼지고기나 닭고기를 못 먹게 하는데 이러한 걱정은 할 필요가 없다. 그렇다고 아무거나 다 먹으란 것이 아니다. 만일에 친구 집에 초대 받아 갔는데 거기 차려진 음식들이 소화기 증상을 악화시키는 것들 일색이라면 음료수만 마시고 오는 것이 낫겠죠?

☑ 염증성 장질환의 증상을 악화시키는 식품

- 콩, 팥, 수수
- 생야채, 절인 채소
- 오렌지, 레몬, 과일 주스
- 양념이 강한 음식: 신 음식, 짠 음식, 매운 음식
- 고지방 음식, 마아가린 등 트랜스 지방
- 설탕
- 카페인 함유 식품
- 우유 (우유 지방, 우유 단백)
- 육류 및 육가공품

☑ 염증성 장질환에서 영양관리의 목표

- 영양 상태 개선
- 질병의 활성도 개선
- 수술 적응증 감소 및 수술 후 합병증 예방
- 소아청소년 성장부진 교정

☑ 염증성 장질환에서 고려해야 할 영양관리 상 중요 사항들

- 경장 영양(성분영양)
- 총정맥 영양
- 결핍 영양소의 보충 및 보충 방법:
- 단백질
- 비타민(A, D, E, K, B_{12}, 엽산)
- 무기질(철분, 아연, 칼슘, 인, 마그네슘, 칼슘, 칼륨 등)
- 증상 악화 유발 식품 주의

☑ **염증성 장질환에서 유의해야 할 영양소**

- 철분 경구 복용
- 콜린
- 카르니틴
- 지방

1. 염증성 장질환과 영양실조

크론병 환자의 85%, 궤양성대장염 환자의 65%가 진단 당시에 이미 체중감소가 있다. 진단 후 초기 몇 년 동안 영양실조는 점점 더 진행한다. 크론병인 경우에는 병변 부위가 상부 위장이나 소장인 경우에 식욕부진이 더욱 심하다.

염증성 장질환 환자들은 이전에 건강했던 시절보다는 더 영양섭취에 주의를 기울여야 한다. 특히 급성 발병 시기에는 소실되는 영양소를 보충하고 증상을 완화시키기 위해 섭취하는 음식에 변화가 있어야 한다. 염증성 장질환에서 각종 영양결핍이 자주 발생하는데, 그 정도가 매우 심각한 경우가 잦다. 때로는 생명을 위협할 정도의 극심한 빈혈, 저알부민혈증, 감염, 중증 소모증, 성장부진 등이 나타난다.

☑ **염증성 장질환에서 결핍되기 쉬운 영양소**

- 단백질: 특히 알부민
- 비타민: A, D, E, K, B_{12}, 엽산(Folate)
- 무기질: 철분, 아연, 칼슘, 인, 마그네슘, 칼슘, 칼륨
- 지방: 회장 염증이 심한 경우

2. 염증성 장질환은 음식물의 소화와 흡수를 방해한다.

소장이 맡은 역할은 영양분을 흡수하는 것이다. 소장에 담즙과 췌장액이 모여 음식물과 어우러지고 이를 소장의 든든한 근육층의 힘으로 반죽하는 것처럼 음식물을 잘게 부수고 소화효소에 의해 분해된 작은 크기의 영양소들을 흡수하여 간으로 보낸다. 소장에서 다 흡수되지 않은 여분의 수분은 대장에서 마저 흡수한다.

크론병에서와 같이 소장에 염증이 생기면 소장의 소화/흡수 능력이 매우 저하된다. 염증의 정도가 심하면 심할수록 영양분은 소화 흡수되지 못 한 채로 대장으로 넘어가고 바로 설사를 일으키며 몸 밖으로 배출되므로 영양소의 소실이 많아지게 된다. 그래서 궤양성 대장염 환자보다는 크론병 환자들에서 영양실조가 더 흔하다. 만일에 소장과 대장 모두에 염증이 만연되어 있다면 설사와 영양실조는 더욱 더 심할 수 밖에 없다.

궤양성 대장염은 대장에 염증이 한정되어 있으므로 소장의 기능은 정상이므로 영양실조가 심하지는 않지만 수분을 재흡수 하는 곳이 대장이기 때문에 대장의 염증이 넓고 심할수록 수분의 재흡수가 안되어 매우 심한 설사가 발생한다.

간혹 어느 특정한 음식에 의해 증상이 심해지는 경우는 있을 수 있다. 그러나 질병 자체가 악화되지는 않는다. 그러나 식중독, 급성 감염성 위장관염은 염증성 장질환을 악화시키고 경과에 안 좋은 영향을 끼친다.

염증성 장질환에는 특수 식이요법이 반드시 필요하지는 않다. 그러나 음식 섭취와 관련해서 고려할 사항은 정말 많다. 증상을 악화시킬 수 있는 식품은 피하는 것이 좋다. 우유 알레르기 증상이 있는 환자들은 우유 섭취를 피하는 것이 좋다. 우유의 유당은 다량의 가스를 만들어 내어 복부 팽만감이 심해진다. 환자들은 어느 특정한 음식에 의해 복부 증상이 심해지면 저절로 그 음식을 피하게 된다. 대표적인 음식이 유제품, 콩, 팥, 수수 등 잡곡, 야채, 절인 채소, 오렌지, 레몬, 과일 주스, 양념이 강한 음식(신 음식, 짠 음식, 매운 음식), 고지방 음식, 마아가린, 설탕, 카페인 함유 식품 등이다. 유의할 식품이 많은데도, 그런 환자들에게 이것저것 강요해서 많이 먹이려 하지 않도록 해야 한다. 그러나 대부분의 환자들은 골고루 먹을 수가 있다.

3. 염증성 장질환 환자에서 대영양소 충분 여부의 평가

환자가 섭취하는 영양소가 잘 소화 흡수되면 에너지가 잘 생산되어 적절한 운동과 성장이 가능해진다. 반면 아무리 좋은 음식물을 먹는다 해도 질병이 심한 정도에 다라 그 영양소의 소비율은 낮아질 것이다.

단백질과 에너지 효율 상태를 간접적으로 나타내는 지표는 신장변화, 체중증가, 혈청생화학적 지표, 염증 지표 등이다. 신장 대비 체중(weight-for-height)는 급성기의 상태를, 연령 대비 신장(height-for-age)은 만성기의 상태를 말해준다. 그리고 체중 증가 속도(weight velocity)와 신장 증가 속도(height velocity)은 성장에 관하여는 효과적인 지표이다.

혈청 생화학 검사 가운데 단백질의 양적 상태를 나타내는 것은 총단백질(total protein), 알부민, 프리알부민, 트랜스페린, 레티놀 바인딩 프로테인 등이다.

염증성 장질환의 병적 활동성을 평가하는 질적(qualitative) 검사는 급성기 반응성 단백질(acute phase reactant proteins) 검사이다.

이에 해당하는 것은 α1-, α2-macroglobulin, transferring, CRP, complements, ESR 등이다.

환자가 병원에 방문할 때마다 의사들은 신장과 체중을 측정, 기록하고 위에 언급한 대부분의 생화학 검사들을 시행하여 질병의 활성도와 현재 영양상태를 평가한다.

4. 염증성 장질환 환자의 지방 섭취

회장의 크론병 혹은 회장 절제 수술을 받은 환자들에서는 저지방식사가 필요하다. 지방변이 동반된 환자들에게는 중쇄중성지방(medium-chain triglyceride, MCT)으로 지방공급을 해야 한다. 중쇄중성지방은 소화관 내에서 소화과정을 거칠 필요 없이 곧바로 흡수된다. 시중에서는 'MCT 오일'로 유통되고 있으므로 쉽게 구입할 수 있다.

담즙산염이나 흡수장애로 인해 대장에서 옥살산염의 흡수가 증가하면 요로 결석이 발생할 수 있으므로 옥살산염 섭취를 제한 하기도 한다.

크론병 환자가 장용 코팅된 생선기름(fish oil)을 1년간 복용한 후에 재발율이 많이 감소 하므로 재발 방지에 효과적이다. 궤양성 대장염 환자에서 생선 기름을 꾸준히 투여한 후에 재발이 줄지만 관해 유지에는 별 효과가 없다는 보고도 있다.

☑ 어느 식품의 지방을 섭취해야 하는가?

대장염을 앓는 쥐를 대상으로 한 실험에서, 우유지방 혹은 홍화씨 불포화지방을 함유하는 식품을 먹인 쥐와 저지방 식품을 먹인 쥐들을 비교해보았더니, 전자 군에서 장내 세균 구성 중 Bacteroidetes가 증가하고 Firmicutes 군이 감소하는 소견이 관찰되었다. 대장염 유발 균인 *Bacteroides wadsworthia* 균이 집락을 이루는 데에 우유지방이 필요했고, 그 기전은 인터페론 감마와 인터루킨-12 생산을 증가시켜 T_{H1} 면역조절기능을 유도하기 때문이다. 인체 실험의 결과를 기다려봐야겠지만, 고지방 섭취가 대장염 악화와 연관이 있을 수 있다. 모든 지방 섭취가 나쁜 것은 아니다. 오메가 3 불포화지방산은 5-ASA 제제가 대장염 염증을 치유하는 기전에 도움을 주고, 사이토카인 생성을 억제한다. 하지만, 크론병에서는 오메가 3 지방산의 일관된 효과가 나타나지 않는 실정이다.

☑ 오메가-3 지방(DHA, EPA), 생선 기름

오메가-3 지방은 장쇄불포화지방산에 속하며 사람의 정상적인 신체 성장, 신경계 구성과 발달, 면역기능 증진, 심장병, 암, 관절염 등의 염증을 완화시키는 효과가 있다. DHA (docosahexanoic acid)와 EPA (eicosapentaenoic acid)가 대표적인 오메가-3 지방이며 생선에 가장 많다. 참다랑어, 청어, 연어, 고등어, 송어, 넙치, 정어리가 대표적이다.

식물성 식품에도 존재하지만 DHA와 EPA의 전구물질인 알파 리놀레닉산(α-linolenic acid, ALA) 형태로서 들어있기 때문에 식품보다는 이러한 생선을 먹는 것이 좋다.

최근 한 연구 결과를 보면 DHA가 들어있는 알약을 1 년 동안 꾸준히 복용한 크론병 환자에서 재발율이 많이 감소하였다. 그 외에도 염증성 장질환 환자의 장 염증과 증상을 완화시켜 준다. 그러나 궤양성 대장염 환자들에서는 효과가 의미 있게 뚜렷하지는 않다고 보고되고 있다.

주목해야 할 점은 식물성 유지방이나 튀긴 기름에 있는 트랜스 지방이다. 트랜스 지방은 Th_{17}을 증가시켜 대장염을 악화시킨다.

5. 염증성 장질환에서 미세영양소와 무기질의 의의

염증성 장질환 환자들이 저섬유질, 저잔사식을 하려 하면 야채와 과일의 섭취를 줄인다. 그렇게 되면 비타민 C가 부족하게 된다. 그리고 병변이 회장 말단 부위에 있다면 비타민 B_{12}가 부족하게 된다.

만성 염증성 장질환 환자들은 종합 비타민제를 규칙적으로 먹는 것이 바람직하다. 소장을 수술한 경우와 흡수장애가 심해진 경우에는 비타민 D 부족증이 발생하므로 의사에게 비타민 D 제제를 처방 받는 것이 좋다.

대부분의 환자들은 무기질 부족증이 흔하지는 않지만, 병변의 위치가 소장에 위치하거나 소장 수술을 받은 경우에는 칼슘, 인, 마그네슘, 철분 보충이 필요하다. 철분을 복용하면 대변이 검게 변하고 때로는 장출혈을 촉진시키기도 하므로 유의해야 한다.

미세영양소라는 것은 비타민, 무기질과 미량 원소들(아연, 철분, 구리, 코발트, 망간 등 중금속)을 일컫는다. 질병 그 자체의 원인에 의해서 전반적인 영양과 열량을 획득하지 못하게 되는 현상이 미세영양소 부족의 가장 주된 원인이다. 그 다음으로는 장점막을 통해 설사로 소실되는 경로, 급만성으로 출현하는 장출혈 등이 원인이다.

약제에 의해서도 미세영양소의 결핍이 발생한다. 설파살라진은 엽산의 흡수를 방해하고, 스테로이드는 칼슘의 흡수를 억제하며, 콜레스티라민은 지방과 지용성 비타민의 흡수를 방해한다.

그러므로, 질병 초기 또는 질병 상태가 매우 심하여 위장관의 소화, 흡수 능력이 안 좋은 경우에는 의사들이 환자들에게 일반식 보다는 성분영양식을 권유하게 된다.

5-1. 수용성 비타민

엽산은 소장에서 흡수되고 그 절반은 간에 저장된다. 간에 저장되는 기간은 그리 길지는 않고 수 개월 정도밖에 안 되므로 엽산이 풍부한 식품을 잘 섭취해야 한다. 엽산이 부족해지면 빈혈이 발생하고 태아에게 엽산이 부족하면 신경계 발달에 장애가 온다. 염증성 징질환 환지들의 절반 이상에서 이 영양소 결핍이 존재한다. 잘 먹지 못하거나 장관 내 흡수가 잘 안 되어 부족해지기도 하고 약제사용(설파살라진, 메토트렉세이트) 때문에 엽산 대사가 잘 안되어 부족해지기도 한다. 엽산이 중요한 이유는, 엽산은 DNA의 합성, 메틸화, 보수 과정에 필수 영양소이기 때문에 염증성 장질환(특히 궤양성 대장염) 환자들에서 대장암 발생을 방어해준다. 정상 성인은 하루에 50 μg의 엽산을 섭취해야 하나, 염증성 장질환 환자에서는 그 요구량이 6~8배 증가한다.

비타민 B_{12} (cobalamine, 코발아민)는 회장에서 합성된다. 크론병 환자 20% 가량에서 비타민 B_{12} 부족이 관찰된다. 병변이 회장 쪽에 존재하거나 소장 절제수술 받은 경우, 장관 내 세균증식 과다한 환자들에서 부족이 발생할 수 있다. 장관을 많이 절제하였거나, 증상이 너무 심해서 합성 및 흡수가 잘 안 되는 환자들에게는 먹는 용량으로는 정상치에 도달하지 어려우므로 주기적으로 주사를 받는다.

비타민 B_6도 크론병 환자들에서 부족해질 수 있다. 이 영양소가 부족하면 비타민 B_1, 비타민 B_2, 판토테닉산 등도 함께 부족해지기 쉽다.

비타민 C도 부족해질 수 있다. 비타민 C는 강력한 항산화제이다. 염증성 장질환 환자들은 발병 초기부터 저잔사식 식사를 하기 때문에 야체와 과일의 섭취가 부족하여 비타민 C의 부족이 빈번하다. 비타민 C는 장염으로부터 장점막세포를 보호한다. 크론병 환자에서 장루가 발생하는 원인 중에 비타민 C 부족과 연관이 있지 않는지 의심하고 있다.

5-2. 지용성 비타민

비타민 A 부족은 그리 흔하지는 않지만, 병변 부위가 소장에 있으면 잘 흡수가 안 되어 부족증이 간혹 발생한다. 이 영양소 부족으로 인해 망막 기능에 장애가 발생하고 심하면 야간 시력이 약화된다. 비카민 A의 전구물질인 베타 캐로틴는 대표적인 항산화제이고, 비타민 A와는 달리 아무리 많이 섭취해도 별 문제가 되지 않는다.

비타민 D는 크론병 환자의 다수에서 부족하다. 지방 흡수 장애, 답즙 부족, 회장 수술 등의 사유가 있으면 그 부족은 심해지고 이에 따른 성장 장애도 불가피 해진다. 크론병 환아들에서 골다공증이나 골밀도저하가 자주 관찰된다. 그리고 이렇게 골밀도가 저하된 환아들은 사춘기의 진행도 역시 지연된다. 이러한 소견은 궤양성 대장염 보다는 크론병 환아들에서 더 자주 관찰된다. 특히 크티코스테로이드 치료를 받는 크론병 환아가 골절을 간혹 입는 경우가 일반아동보다 더 빈도가 높다. 코티코스테로이드 치료를 받으면 칼슘 재흡수가 억제되고, 칼슘결합 단백질 합성 유전자가 저하되며, 파골세포(osteoclast)에 의한 골흡수가 증진되기 때문이다.

비타민 E가 크론병 환자에서 부족해지기도 한다. 이 영양소는 항산화제이기 때문에 부족해지면 장점막 상처 치유 속도가 늦어진다.

비타민 K는 크론병 환자와 궤양성 대장염 환자에서 공통적으로 부족해지기 쉬운 영양소이다. 흡수 장애와 항생제 사용 등이 주 원인이다.

5-3. 무기질과 미량원소

아연 부족도 흔하기는 하지만, 저알부민혈증 때문에도 발생할 수 있고, 소모성 징후가 심한 상태에 흡수 부진과 소변 내 과잉배출 등이 부족 원인이다. 아연은 300개 이상의 metalloenzyme(금속을 효소 활성 부위에 배위하고 그것이 효소 활성 발현에 직접 관여하는 효소)에 조효소로서 작용하여, RNA와 DNA 합성, 임파구 증식, 사이토카인 생산, 활성산소 활동, 상처치유 등에 중요한 작용을 한다. 아연이 부족해지면 성장 장애, 식용부진, 세포매개면역 저하, 성선기능저하증, 선단피부염 등이 발생한다. 혈청 아연 농도가 신체 전체의 농도를 반영하지는 않는다. 왜냐면 신체 총 아연의 95%가 세포내에 존재하고, 더욱이 혈청 수치는 알부민 결합능에 좌우된다. 염증성 장질환 환자들에서 아연이 많이 감소되어 있다. 크론병의 질병활성도와 아연부족이 대개는 비례하지만, 병변의 위치와 영양결핍상태와 비례하지는 않는다.

칼슘도 부족해질 수 있으나 저알부민혈증 때문에 부족하게 보이기도 한다. 스테로이드, 면역억제제(methotrexate, cyclosporine) 치료를 하는 중에는 칼슘 흡수가 억제되어 골다공증이 발생하기 쉽다. 비타민 D는 장내에서 칼슘의 흡수를 증진시키므로 이 두 영양소를 더욱 섭취해야 한다. (하루 필요량은 성인환자 기준으로 칼슘 1,200mg, 비타민 D 1,000 IU로서 일반 성인 요구량보다 많다.) 만일 환자가 **우유나 유제품**으로 칼슘 섭취가 힘들면 **계란, 연어, 치즈, 녹색 채소, 칼슘강화 주스, 잘 익힌 콩** 등을 대체 식품으로 섭취하면 좋다. 칼슘은 초기에는 부족하지는 않으나 시간이 경과하면서 부족이 발생한다. 섭식 양이 적어져서 칼슘 자체의 하루 섭취량이 감소하고, 환자가 우유나 유제품을 많이 못 먹으니 당연히 칼슘 섭취가 줄고, 소장에서 흡수가 잘 안 되기도 하여 감소한다. 칼슘이 부족하면 손가락이 저리거나 살짝 떨리고, 근육 경련이 발생한다.

마그네슘도 부족해질 수 있다. 이 영양소가 부족해지면 근육 경련과 뼈의 통증이 발생한다. 소장 절제수술, 장점막에서 손실이나 흡수 부족 등이 부족의 원인이다.

항산화제를 보충하면 활성산소의 공격으로부터 세포를 보호할 수 있다. 대표적인 성분이 비타민 E, 비타민 C, 레티놀, 셀레늄, 글루타치온, 글루타치온 퍼옥시다제, 글루타민 등이다.

글루타민(glutamine)은, 동물 실험 결과를 보면, 장점막 두께와 융모 길이를 보존하고, 내독소혈증(endotoxemia)를 감소시키고, 장점막방어기제를 강 화시킨다. 수술후 TPN요법을 받는 환자에게 글루타민을 투여하니 lactulose와 mannitol에 대한 장투과성이 증가하였다고 보고되었다. 그런데, 인간 대상 다른 연구에서는 활동성 크론병 환자에서 글루타민 보강한 중합식이를 먹으나 일반 식이를 먹으나 뚜렷한 차이를 보이지는 않았다. 글루타민 흡수를 통한 장점막 보호를 위해 성분영양식에다 상피세포 성장인자, 재조합 성장호르몬을 섞어서 공급하기도 한다.

그 밖의 미량원소인 구리, 크롬, 요오드, 망간, 몰리브데늄, 셀레늄 등은 별로 부족해지지는 않으나 장기간 정맥영양 요법을 받는 경우에는 부족해질 수 있으므로 정기적으로 주사제를 투여 받는다.

5-4. 유의해야 할 미량원소

철분 부족이 염증성장질환에서 가장 흔한 영양 결핍이다. 장점막을 통한 실혈, 식욕부진, 흡수장애 등이 주원인이다. 철분을 공급해주어야 하지만, 최근 연구자료에 의하면 철분을 경구투여를 할 경우 흡수도 잘 안 될뿐더러 산화 스트레스 (oxidative stress) 요인으로 작용하여 장점막 염증이 오히려 악화되는 경우가 많다고 한다. 또 다른 중요한 점 하나는, 철분이 장관에서 장내 세균 환경과 기능의 변화를 초래하여 장점막세포에 스트레스를 가하고 점막염증이 잇따르게 유도한다. 그러므로 급성 악화 상태의 경우에는 약간의 경구투여를 하고 정맥 투여를 혼용해 공급하는 것이 바람직하다.

콜린(cholin)은 붉은 고기와 계란의 세포막의 주요 성분이며 간에서 지방 대사, 특히 저밀도콜레스테롤 형성에 중심적 역할을 한다. 비만 환자에서 콜린이 부족하면 비알콜성지방간 혹은 비알콜성지방간염으로 진행이 잘 된다.

급성 궤양성 대장염 환자의 대장 상피세포의 콜린 함량이 관해상태의 대장염보다 감소되어 있다는 연구 보고가 있다.

육식과 포화지방 섭취가 많은 사람들에서 동맥경화증이 많음은 익히 알려져 있는데, 콜린, 트리메틸아민, 장내세균에 의해 합성된 트리메틸아민(TMA)이 트리메틸아민 옥사이드(trimethylamine-N-oxide, TMAO)라는 동맥경화증 유발 물질을 더욱 생성한다. 그 심혈관질환 발생에 중심적 역할은 한다. 재미있게도, 염증성 장질환 환자들에서 심혈관질환이 많은데, 장내세균에 의한 콜린 합성과 콜린의 생체 이용 저하가 주요 요인일 것이다.

카르니틴(carnitine)도 콜린과 마찬가지로 붉은 고기에 많이 함유되어 있는데, 식이성 L-카르니틴은 TMAO를 생성시킨다. 장기간 쥐에게 식이성 카르니틴을 먹게 한 결과 맹장의 장내 세균 환경 조성에 변화가 오고, TNA/TMAO 함량이 높아져 동맥경화증을 가중시킨다는 것이 관찰되었다. 이 대사에도 장내 세균환경이 관여한다. 염증성 장질환 환자들에서 심혈관 질환이 많이 발생하므로 이러한 영양소의 섭취는 신중을 기할 필요가 있다.

▶ 각 영양소의 주요 공급원이 되는 식품들

영양소	많이 함유된 식품
비타민 C	오렌지 및 감귤류, 딸기, 키위, 파인애플, 고추, 감자, 브로콜리, 녹색채소, 토마토
엽산	녹색채소, 아보카도, 콩과류, 통곡물, 오렌지, 엽산강화 시리얼, 밀 맥아
비타민 B_{12}	생선, 해산물, 육류, 가금류, 계란, 우유, 유제품, 강화 시리얼
비타민 A	간, 우유, 강화 시리얼, 계란
캐로틴	오렌지, 적색 채소, 노란색 채소, 녹색 채소, 당근, 메론, 고구마, 망고
비타민 D	태양광, 강화우유, 요거트, 주스, 마가린, 계란, 생선 간 오일, 기름진 생선(연어, 정어리, 참치, 고등어), 비타민 D 강화 시리얼, 간
비타민 K	녹색 채소(케일, 시금치), 알팔파, 완두콩, 브루셀스프라우트, 아스파라가스, 양배추, 컬리플라워, 브로콜리, 당근
비타민 E	견과류, 씨앗, 올리브, 생선, 계란
철분	붉은 고기, 생선, 해산물, 가금류 식물성 철분(렌틸, 콩)은 잘 흡수되지 않음.
칼슘	우유, 요거트 등 유제품, 정어리, 연어, 브로콜리, 콩, 아몬드, 건조 무화과, 암녹색 채소, 칼슘강화 두부, 칼슘강화 오렌지 주스/시리얼/두유
마그네슘	녹색채소, 과일, 콩, 견과류, 씨앗, 통곡물 (우유나 육류엔 희박함)
칼륨	바나나, 감귤류, 아보카도, 메론, 토마토, 감자, 연어, 닭
아연	굴, 붉은 고기, 가금류, 콩, 견과류, 해산물, 통곡물, 아연강화 시리얼, 유제품

6. 경장 영양

설사를 하는 동안에는 많은 양의 수분이 설사로 빠져 나간다. 그 빠져나간 만큼의 수분을 섭취해야 한다. 그리고 설사를 통해 많은 영양소가 소실된다. 이러한 소실 부분도 성장을 위해서는 잘 섭취해야 한다. 염증성 장질환으로 장 점막에 많은 병변과 상처로 인해 정상적인 양의 음식을 섭취한다 해도 영양분의 소화, 흡수가 감소될 수밖에 없다. 그러므로 의사나 영양사는 액체로 된 특수 보조 식품을 권유한다. 이 액상 영양식은 성분 영양식으로서 염증성 장질환으로 인해 결핍되기 쉬운 영양소들을 소화 흡수되기 쉬운 형태로 만든 것이다. 이 성분 영양식은 소화관 안에서 별도의 소화 작용을 거치지 않고 곧바로 흡수된다.

질병이 악화되거나 급성 발병기에는 너무 아파서 도저히 먹지도 못하는 상황이 생긴다. 이 때에는 복통이 매우 심하고 조금만 먹어도 설사를 하기 때문에 환자들은 안 먹고 싶어진다. 이런 경우에는 경관영양식이라는 걸 시행한다. 코를 통해 관을 넣어 위장까지 삽입한 후 더 소화되기 쉬운 성분영양식(elemental diet)을 조금씩 투여한다. 경관요법으로 사용하는 성분영양식은 맛이 없기 때문에 이렇게 관으로 넣는다. 이러한 경관 급식은 환자가 자는 동안에도 서서히 투여할 수 있기 때문에 환자가 영양결핍이나 소모증에 빠지지 않게 도와준다.

염증성 장질환 중 크론병에서 더 의미가 있는 식이방법이다. 크론병 환자에게 성분식이(장관 내에서 소화 과정을 거치지 않고 곧바로 흡수되는 영양소로 조성됨)가 치료적 효과가 있음이 1984년에 보고되었다. 경장영양 식이만 잘해도 치료약제의 사용 없이도 관해가 이루어 질 수 있다. 물론 코티코스테로이드가 관해 유도에는 더 우수하지만, 성장저해와 면역성 저하 등 부작용이 많은 코티코스테로이드를 사용하지 않고도 경장영양을 잘 하여 관해가 유도 된다면 이보다 더 좋을 수는 없을 것이다.

경장 영양 시 성분영양 식이와 폴리메릭 식이(polymeric diet, 중합식이)가 같은 효과를 보이기도 한다. 중합식이는 우유, 달걀, 육류, 콩에서 얻은 전단백질을 포함하는 식이로서, 성분식이에 비해 맛이 좋고 가격이 저렴하다.

관해 유지라는 측면에서 보아도 보조적인 경장 영양법은 크론병 재발에 효과적이다. 따라서 보조 경장 요법은 관해 유지를 위한 보조 혹은 대안으로 사용할 수 있다. 소아에서 식이 제한 없이도 보조적 경장 영양법으로 관해 기간을 늘리고 성장을 호전 시킨 것으로 보고하였다.

경장 영양 식이 방법은 오래 지속하지 못하고 실패하는 경우가 종종 있는데, 그 주된 이유는 정제된 식품에 잘 적응하지 못하거나, 튜브삽관을 해야 하는 문제들이다. 그렇지만, 코티코스테로이드 사용하면서도 별로 부작용이 없으며 경장영양을 잘 지속하면 관해 유도율이 상당히 증가 하고, 괄목할만한 성장 증가를 볼 수 있다.

성분영양식이나 중합식이 방법이 공통적으로 질병 활성도를 낮추고, 조직학적 치유를 보이며, 염증매개 사이토카인의 감소 효과가 있다.

경장영양액 내에 지방이 훨씬 많은 경우, 그 지방이 특히 장쇄 불포화 지방인 경우에 관해유도율이 훨씬 높다고 보고되었다. 중쇄지방산이 더 의미있게 좋다는 보고는 없다.

☑ 국내외 유통되는 성분영양식

- 1~10세: Neocate 1+ (국가지원 가능), Vivonex Pediatric, ElCare, Peptamen Junior
- 10세 이상: Elemental 028 Extra, Peptamen, Tolerex, Vivonex TEN
- 단일 아미노산 제제: 모노웰 (국가지원 가능)
- 단일 지방 제제: MCT 오일

☑ 국내 시판 중합식이 제품

- 엔슈어(Ensure), 에너젠(Energen), 뉴캐어, 그리비아

▶ 국내외 시판 유통 성분식이 및 중합식이 제품들

Elemental(E) / Semi-elemental(SE)		Standard, Polymeric	
상품	회사	상품	회사
AlitraQ (E)	Ross	Fibersource HN	Novartis
f.a.a. (E)	Nestle	Isocal	Novartis
Optimental (SE)	Ross	Isosource 1.5	Novartis
Peptamen (SE)	Nestle	Jevity 1.0	Ross
Peptamen 1.5 (SE)	Nestle	Jevity 1.5	Ross
Peptinex (SE)	Novartis	Novasource 2.0	Novartis
Peptinex DT (SE)	Novartis	Nutren 1.5	Nestle
Perative (SE)	Ross	Nutren 2.0	Nestle
Subdue (SE)	Novartis	Osmolite 1.0	Ross
Subdue Plus (SE)	Novartis	Osmolite 1.2	Ross
Tolerex (E)	Novartis	Probalance	Nestle
Vital HN (SE)	Ross	Promote	Ross
Vivonex T.E.N. (E)	Novartis	Replete	Nestle
Vivonex Plus (E)	Novartis	TwoCal HN	Ross

국내에서 구하기 힘든 제품들이 대부분이나, 해외직접구매를 통해 구할 수 있다.

7. 경정맥 영양

장의 병변이 더 심해서 경관요법도 불가능한 경우에는 병원에 입원하여 정맥주사를 통해 영양을 공급해야 한다. 이를 총정맥영양요법(total parenteral nutrition, TPN)이라고 한다. 아주 심한 급성 발병기에 이러한 영양요법이 많이 필요하다.

과거에는, 환자가 염증성 장질환을 진단받는 초기 상태, 즉 질병 상태가 매우 안 좋은 경우에(특히 크론병 환자들에서) 장에 부담을 안 주고 쉬게 해주기 위해 TPN을 우선적으로 처방하였다. 환자가 먹지 않고 TPN 치료를 받는 것만으로도 환자의 증상은 많이 호전되기도 하고 완해 상태 도입도 가능하다. 그러나, 경장영양에 비하여 비용이 과다하기 때문에, 현재는 TPN을 제한적으로 사용한다.

☑ TPN을 주로 사용하는 상황은 다음과 같다.

- 수술 전후
- 극심한 영양실조을 앓는 환자
- 기능을 하는 장의 길이가 60 cm 이하일 정도의 단장 증후군
- 장루가 발생했을 때,
- 장 협착, 폐쇄, 장천공이 발생한 경우
- 독성 거대결장증(toxic mega colon. 장염이 극심하여 과대 팽창한 상태)

수술 전에 TPN을 시행하는 경우, 특히 그 환자가 심각한 영양실조를 가진 상황에서는, TPN요법으로 인해 수술 후 합병증이 10% 감퇴되는 반면, 수술 후에 TPN을 시작했을 때에는 오히려 합병증이 10% 증가했다는 연구가 있다.

TPN을 하며 장을 쉬게 하는 것 만으로도 장 염증이 호전되고 질병활

성도가 감소한다.

크론 대장염 환자들에서 약물치료와 TPN으로 관해에 도달한 경우가 있으나, 궤양성 대장염 환자들에서는 TPN이 코티코스테로이드 치료 성과율을 앞서지는 못했다.

현재는 점차 경장 영양액의 제조 기술이 발달하여 성분영양식을 이용한 경장영양을 하여 환자들의 영양 개선이 잘 되고 있다.

환자 상황에 따라서, 경장영양과 TPN을 잘 선별하여 시행함으로써 환자가 얻을 수 있는 최대 이점은 코티코스테로이드 치료를 적게 받을 수 있다는 점이다. 그리고 영양치료를 잘 하면 장루와 장 협착 호전에 도움이 된다.

8. 염증성 장질환과 식품알레르기

염증성 장질환은 식품 알레르기에 의해 생기는지 아닌지 더 많은 연구 결과가 필요하지만, IgE 매개형 식품 알레르기와 염증성 장질환 발생과 연관이 있을 수 있다.

8-1. 우유 - 유당 불내증

앞에서도 몇 번에 걸쳐 유제품에 관한 언급이 있다. 염증성 장질환 환자가 아니더라도 평소에 우유를 잘 소화시키지 못하는 사람들이 많다. 우유의 탄수화물인 유당은 소장에서 분비하는 유당분해효소(lactase)에 의해 소화된다. 전 세계 인구의 약 70%가 유당 불내증이 있다. 염증성 장질환에 걸리면 소장 점막에서 분비 되야 할 유당 분해효소(락타제, lactase)의 분비량이 많이 감소하여 유당의 소화 흡수가 안되고, 이 유당이 대장에 들어가면 삼투압성 설사를 일으키고 대장 세균에 의해 많은 가스가 발생하여 복통, 불쾌감, 가스, 설사 등의 증상이 유발된다. 이러한 현상은 크론씨 병에서 더 심하다.

궤양성 대장염 환자들은, 발병 초기에 유제품을 제한하니 20%의 환자들에서 효과가 있었으나. 관해기 이후에는 별 차이가 없었다는 보고가 있다. 반면, 크론병 환자들은 급성 발병기와 관해기 이후에도 유제품을 멀리 함으로써 매우 도움이 된다고 한다. 대부분의 성분영양식 조성을 보면 유당이 함유되어 있지 않다. 유당 불내성 검사를 해보니 유당불내성이 크론병 환자들에서 대조군에 비해 2배 높게 관찰되었다

그렇다면 우유를 무조건 못 먹게 해야 하나요? 그렇지 않다. 우유에는 무기질과 단백질이 풍부하여 좋은 영양 공급원이 되므로 우유 먹고 배가 많이 불편하지 않다면 조금이라도 먹도록 권유한다. 하지만 우유 혹은 유가공 식품(요거트, 탈지유, 아이스크림, 크림수프, 치즈, 푸딩)에 의해 증상이 심해지면 피하는 게 낫다.

요즘에는 유당효소제를 구매하거나 처방 받을 수 있기 때문에, 환자가 고집스럽게 우유나 유제품을 먹고자 하면 이 약제와 함께 먹어도 된다.

칼슘이나 무기질 비타민 등의 영양소들의 섭취를 위해 우리가 유제품에 너무 의존하는 경향이 있다. 두유, 곡물 음료, 아몬드밀크 등도 상당히 좋은 영양 공급원이 될 수 있으므로 환자가 소화할 수 있다면 여러 선택을 할 수 있도록 도와준다.

치즈는 상당히 좋은 칼슘 공급원이므로 별다른 증상 유발이 없다면 먹어도 좋다. 그러나 지방이 많은 모짜렐라 치즈, 피자는 피하는 것이 좋다. 스위스 치즈와 체다 치즈처럼 딱딱한 치즈는 지방과 유당이 적으므로 추천할 만하다.

8-2. 글루텐 (밀가루 음식)

염증성 장질환 환자 분 아니라 대부분의 소화기 질환 환자들은 무조건 밀가루를 먹으면 안 된다고 생각한다. 밀가루를 먹지 말아야 하는 질환은 셀리악병(celiac disease)이라는 질환이 따로 있다.

밀가루를 비롯하여 글루텐이 함유되어 있는 식품원들에는 비타민 B 계열의 좋은 영양성분이 많이 있기 대문에 글루텐이 함유되었다는 이유만으로 그 영양가 좋은 곡물들을 다 피하다 보면, 사실 별로 먹을 것이 없게 된다. 만일에 소장의 점막 병변이 심하다면 피해야 하겠지만, 그렇지 않은 상태라면 굳이 국수, 빵, 파스타 등 밀가루 식품을 피할 필요는 없다.

9. 저잔사식과 섬유질

크론병 환자 중 장점막 염증이 심하여 장관 직경이 좁아져 있으면 섬유질이 적은 음식(저잔사식)이나 액상 영양식을 섭취하면 복부 증상이 완화된다. 저잔사식 혹은 저섬유질 음식이란 음식의 잔해 성분의 양이 적고 대변의 용적이 적어지는 음식을 말한다. 음식의 잔사물이 많아지게 하는 식품은 과일, 야채, 견과류, 잡곡, 현미 등이며 급성기에 이러한 음식을 피하는 것이 좋다. 섬유질이 전혀 들어가지 않은 순수 수분 성분만 함유된 과일주스는 예외이므로 이는 먹어도 된다.

좀 더 자세히, 섬유질에 대해 설명하고자 한다. 섬유질은 구성 성분은 탄수화물이지만 초식동물과 달리 사람에는 이 탄수화물을 소화시킬 수 있는 효소가 없기 대문에 장 내에서 분해되지 않고 대변으로 배출된다. 섬유질은 대변을 부드럽게, 용적을 크게 만드는 성질이 있다. 섬유질에는 수용성 섬유질과 비수용성 섬유질이 있는데, 고잔사식을 이루는 것은 비수용성 잔사식을 의미한다.

9-1. 수용성 섬유질 (Soluble fiber)

말 그대로 물에 녹는 성질을 가지는 섬유질이다. 수용성 섬유질은 피부에 수분크림을 바르는 듯하게 장 점막을 부드럽게 달래주고 장관 기능을 순조롭게 하고 장관의 자극 증상이나 염증을 불러일으키지 않으며, 복통 완화에 도움을 준다.

수용성 섬유질이 풍부한 음식으로는 마른콩, 살구, 사과, 바나나, 배, 망고, 파파야, 포도 등의 과일(껍질 예외), 근대, 껍질 벗긴 감자, 당근, 호박, 늙은 호박, 귀리, 쌀, 파스타, 국수, 흰빵, 아보카도, 차전자 (질경이) 씨 등이다.

9-2. 비수용성 섬유질

비수용성 섬유질은 장관을 매우 심하게 자극할 수 있다. 의사들은 급성 장염을 앓는 환자들에게도 이러한 섬유질 음식을 피하게 권유한다. 하물며 염증이 매우 심한 염증성 장질환 환자들은 더욱 조심해야 한다. 이 섬유질은 더 많은 수분을 끌어들여 대변을 더 묽게 하고 배변 횟수도 잦게 만든다. 그러므로 환자들은 복통, 가스 팽만, 설사 등의 장 증상이 더 심해진다. 비수용성 섬유질은 대부분 식품의 외곽에 존재하므로 이를 제거하여 먹으면 괜찮기도 하다.

비수용성 섬유질이 많은 식품은 통밀, 통밀가루, 현미, 도정 전 쌀, 쌀겨, 견과류, 팝콘, 콩, 녹두, 베리류의 과일, 포도, 건포도, 체리, 파인애플, 껍질 사과, 오렌지, 프룬, 멜론, 자몽 등 과일과 시금치, 케일, 완두, 옥수수, 콩깍지, 후추, 셀러리, 양파, 브로콜리, 꽃양배추, 토마토 등의 야채이다.

환자가 관해기에 접어들어 무증상 시기가 되면 이러한 식품도 껍질 벗기고 어느 정도 잘게 자르고 익혀서 섭취하면 무방하기도 하다. 예를 들면 환자들은 증상이 호전되면 곧바로 매콤한 음식을 찾는다. 특히 김치를 너무도 먹고 싶어한다. 그런 환자들에게 무조건 먹지 못하게 하기보다는 김치를 잘 씻은 후 푹 익혀서 맛있는 김치찌개로 만들어서 안 매운 반찬들과 함께 먹게 하면 된다.

☑ 저잔사식 음식

- 흰밥, 고운 곡분으로 만든 빵, 파스타, 국수
- 씨, 껍질, 심지가 없는 야채와 과일
- 우유, 씨 섞이지 않은 요거트, 푸딩, 아이스 크림
- 푹 끓인 국(거친 야채 없고, 껍질은 제거한 야채 함유)
- 잘 익힌 부드러운 고기류(쇠고기, 돼지고기, 가금류, 생선살, 달걀)
- 샐러드 드레싱-부드럽고 야채나 씨 없는 것
- 바나나
- 식물성 오일, 버터, 마요네즈
- 통곡물로 된 음식, 견과류, 거친 고지나 생선은 다 피한다.

10. 기타 식이 요법

10-1. 느릅나무

느릅나무는 예로부터 동서양에서 애용되어 왔다. 껍질은 약용으로, 잎은 나물요리에, 여린 잎은 차 재료로 이용된다. 다른 나무들이 그렇듯, 껍질와 줄기 부분에는 끈끈한 액 (mucilage)이 있는데 이 액이 장으로 들어가면 위벽과 장점막을 코팅하고 점막자극을 부드럽게 하여 통증을 완화시키는 효과가 있다. 특히 내피 부분의 약효 때문에 알약, 사탕, 분말 차 형태로 된 상품도 있다.

주의해야 할 것은 이 식물이 증상 완화에 도움이 될 수 있지만 치료제

는 아니다. 그리고 임산부와 수유모에서 안전성 여부는 아직 모른다.

10-2. 알로에

알로에는 예로부터 항염, 항균, 수렴, 진통 효과가 있다고 하여 민간요법으로 이용되어 왔다. 아주 심하지 않은 궤양성 대장염 환자들이 알로에 즙을 먹고 증상이 완화되었다는 보고들이 있다.

그러나 알로에 농축액이나 알약 형태로 된 제제들을 먹으면 심한 하제 효과로 설사를 하므로 먹으면 안 된다.

10–3. Probiotics(프로바이오틱스)와 prebiotics(프리바이오틱스)

락토바실루스, 비피도박테리아, 사카로마이세스 등의 장내 유익한 세균을 probiotics라고 부른다. 국어로는 딱히 명명할 표현이 없어 정장제라는 표현을 사용한다. 이 probiotics는 급성 장염에 걸린 환자, 항생제 장기간 사용하는 환자들에서 주로 처방된다. 약 400개의 다른 좋은 세균들이 소화기 안에 있으며 해로운 세균이 번식하지 못하게 지켜준다. 유익한 세균과 해로운 세균 사이의 균형이 중요하다. 만약 유익한 세균이 감소하고 균형이 깨지게 되면 해로운 세균이 증식하게 된다. 이로 인해 설사와 다른 소화기 증상이 나타나게 된다. 궤양성 장염처럼 소화관이 손상된 아이들은 증상이 더욱 심할 수 있다. 여러 가지 증거들이 캡슐, 파우더, 액상, 얇은 판의 형태로 프로바이오틱스를 치료제로 사용할 수 있음을 보여지고 있다.

염증성 장질환에서도 사용 효과가 있다. 특히 관해 유지에 도움이 된다. Probiotics가 체내에 들어가면

1) 장관 내에 유해 세균의 증식을 억제하고,

2) 장점막 상피세포의 방어능력을 항진시키며,

3) 면역 매개물질들인 사이토카인 구성을 변화시켜 인체에 유익한 방향으로 전환되게끔 하고,

4) 장관 염증을 악화시키는 사이토카인의 합성과 분비를 억제한다. 이러한 기전에 의해 염증성 장질환, 특히 이 생균이 주로 활동하는 장소인 대장에 병변이 주로 있는 궤양성대장염 환자들에서 효과가 있는데, 인공항문성형술을 받은 환자들에서 문합 부위 상처가 속히 치유되는 효과가 있고, 질병의 재발을 약화시키며 관해 지속기간을 장 유지시켜 주는 이점이 있다. 물론 매우 극심한 상태의 대장염보다는 경도 혹은 중등도 대장염 환자들에서 효과가 있다.

다른 치료와 마찬가지로 프로바이오틱스의 사용은 주치의와 상담하여야 한다.

Prebiotics는 올리고당, 이눌린, 락튤로스 등 소화, 흡수가 되지 않는 식품인데 장 내의 유익한 균이 자랄 수 있도록 영양을 공급한다. 이들은 또한 프로바이오틱스가 자랄수 있도록 도와준다.

크론병 환자들의 병변은 주로 소장이기 때문에 이러한 경우에는 별 효과는 없지만 대장에도 발생한 크론병 환자들에게는 궤양성대장염에서와 비슷한 효과가 있을 수 있다.

10-4. 비소화성 탄수화물 (특히 butyrate 낙산)

맹장과 상부대장의 혐기성 세균에 의해 비소화성 탄수화물이 발효된 후에 단쇄지방산 (Short-chain fatty acids)이 합성된다. 이렇게 발효되는 탄수화물에 해당하는 것은 팩틴, 셀룰로스, 검, 프리바이오틱스(과당, 맥아당, 올리고당) 등이며, 우리가 흔히 식이 섬유라고 일컫는 것들이다. 이 단쇄지방산 중에서 낙산(butyrate)이 특히 대장 상피세포의 우선적인 연료가 된다.

낙산을 많이 생성시키는 장내세균이 Firmicutes 와 Bacteroidetes 이다. Firmicutes의 대표 세균인 *Faecalibacterium prausnitzii*인데, 재발성 크론병 환자들에서는 이 세균이 감소되어 있다. 크론병과 궤양성대장염 환자에서 이 세균이 감소되어 있다. 그리고, 궤양성 대장염 환자들에게 낙산 관장을 수 회 시행해보니 질병의 호전이 관찰되었다.

염증성 장질환 이외에도, *Clostridium difficile* 양성 위막성 장염이나 항생제 유발성 장염에서도 이 낙산 생산하는 세균의 감소가 관찰되었다.

낙산은 조절 T세포의 생산을 유도하여 면역기능을 증가시킨다. 낙산의 항염증 작용은 대장 상피세포의 주에너지원으로서 작용하는 것뿐아니라, 장내 면역시스템에 직접 작용한다는 연구 보고들이 많다.

10-5. 수분 섭취

설사가 지속되는 경우 탈수의 우려가 항상 있다. 탈수가 심하면 신장의 기능이 저하되고 신장이 손상될 수 있다. 이러한 문제들로 인해 크론병 환자들에게 신장 결석이 발생한다. 신장 결석은 소아와 청소년 환자들에게는 흔하지는 않다.

11. 기타 식품 관련 고려 사항

11-1. 패스트푸드 (Junk food)

길을 가다 눈에 띄는 길거리 음식, 슈퍼마켓에서 파는 다양한 과자들과 음료수, 멋지게 포장된 패스트푸드를 보면 어느 누가 먹고 싶지 않겠는가. 우리가 꼭 알아야 할 점은 이러한 음식의 원료들이 매우 저급한 재료들을 사용하고, 수 많은 식품 첨가물이 들어있다. 게다가 당분, 염분, 지방이 많은 대신 필수 영양소들은 많이 부족하다.

이러한 음식들이 먹고 싶으면 집에서 만들어 먹이면 된다. 예를 들어, 피자를 만들어 본다. 피자 반죽을 좋은 재료로 만들고 집에서 만든 토마토 소스, 가공치즈가 아닌 저지방 천연치즈, 본인에게 소화 잘 되는 채소와 순살코기를 토핑으로 얹어 팬이나 오븐에 구우면 영양 만점 피자를 만들 수 있다. 햄버거가 먹고 싶다면 유명 햄버거 가게로 달려가지 말고 좋은 재료들로 패티를 만들고, 담백한 저지방 드레싱으로 맛나게 만들어 보면 좋겠다.

11-2. 가공식품과 군것질

가공식품과 반가공식품에는 수많은 식품첨가물과 보존제가 들어있다. 식약청에서는 이들 식품이 유해성이 없다고 하지만 첨가물의 위험성을 잘 따지지 않을 수가 없다. 예를 들어 껌과 젤리류에 함유된 소비톨, 음료수에 들어 있는 액상과당, 예쁜 색깔의 음료수에 들어있는 소비톨, 액상과당, 인공감미료, 인공 색소 등으로 인해 장 증상이 악화될 수 있다. 배가 부글거리며 설사를 할 수 있고, 복통이 유발될 수 있다. 이러한 첨가물들이 함유된 음식을 보면 과연 건강한 정상 성인도 고민하고 먹어야 할텐데, 만성 장질환 환자들이 쉽게 먹어도 괜찮을 거라고 판단하기는 어려운 문제다.

염증성 장질환 환자가 급성기에, 악화 시기에 식사요법 상 유의점

- 증상을 악화시키는 음식이나 식품을 피한다.
  - 가스 생성이 많은 음식: 콩류, 양배추
  - 튀김, 고지방 음식, 유제품
  - 고섬유질 식품, 익히지 않은 채소
  - 알코올, 카페인, 탄산음료
- 적게 자주 먹는다. 천천히 먹는다. 더 많은 영양분과 열량을 획득할 수 있고, 장의 불편감을 감소시킬 수 있다.
- 염분 섭취를 줄인다.
  - 스테로이드 치료 중에는 수분 울혈(water retention)이 있으므로 저염 혹은 무염 식사가 도움된다.
- 강한 양념을 피하고 단당류를 피한다.
- 끼니를 거르지 않는다.
- 충분한 수분을 섭취한다 – 설사로 소실되는 만큼 보충
- 비타민을 복용한다.
- 식사요법으로 증상이 해결 안 되면 성분영양식으로 장관영양을 한다.
- 압력 솥으로 요리를 자주 한다.
  - 식품이 소화하기 쉬운 형태로 부드러워지고 섬유질은 잘게 나뉘어진다.

09_ 자주 묻는 질문과 응답(Q & A)

*

*

*

아이들이 병으로부터 단기일 안에 치료될 수 있습니까?

아니다. 크론병과 궤양성 대장염은 만성질환이다. 만성질환은 일생 동안 지속되는 것을 의미한다. 치료를 통해 통제될 수 있지만 완치되지는 않는다. 즉 이 병은 오래가지만 치명적이진 않다는 의미이다. 의외로 대부분의 염증성 장질환 환아는 오랜 기간 동안 생산적인 삶을 잘 살아낸다.

- 크론병과 궤양성 대장염환자는 증상기와 증상이 없는 시기가 있다.
- 초기 증상이 경하던 중하던지, 이후에 경한 증상만 있고 치료에 잘 반응하는 환아가 있다.
- 종종 궤양성 대장염 환아는 병이 심하여 직장을 포함한 대장 전체를 제거하는 수술이 필요한 경우가 있다. 수술은 궤양성 대장염을 완치할 수 있다. 하지만 크론병은 수술로 완치되지 않는다. 그래도, 수술로써 침범된 장을 절제하여 들어내면, 비록 완치되지 않지만 환아는 오랜 기간 병이 없이 지낼 수 있다.

염증성 장질환 같은 만성질환이 정서적인 문제를 일으킬까요?

물론 가능하다. 만성질환을 진단받는 것은 누구에게나 벅찬 일이며 특히 어린아이에게는 더욱 견디기 힘들 것이다. 정서적 육체적으로 발달하고 있는 아이들은 염증성장질환, 소아당뇨, 천식 같은 오랜 기간의 치료과정에서 여러 가지 문제에 봉착하게 된다. 왜냐하면 만성 질환은 아이들의 건강과 안정을 위협하기 때문이다. 결과적으로 아이들은 불안해하고 의존적이 된다. 하지만 이러한 것들은 병에 대한 자연스런 반응이며 병의 원인이 아니다.

- 대부분의 사람들은 자신의 병 때문에 불안하고 우울해한다. 어떤 연구에 따르면 염증성 장질환의 50%이상의 환아에서 우울증이 있는 것으로 나타난다. 때때로 염증성장질환의 여러 가지 치료가 상황을 악화시킬 수 있다. 예를 들어 감정은 코르티코스테로이드 치료와 같은 약의 부작용 때문에 영향을 받을 수 있다.
- 건강 전문가에 의해 제공되는 감성적 지지는 환아를 안심시키는 방향으로 간다.
- 만성 질환에 의해 영향을 받은 아이들의 자신감을 찾는 것을 가능하게 하는데 상담자나 정신과의사가 도움이 될 수 있다.

환아나 그 부모들이 자신들로 인하여 병이 유발되었다고 죄책감을 느낍니까?

그렇다. 특별히 염증성 장질환 환아의 부모는 더 그렇다. 그러나 어떠한 과학적 증거도 식이와 정서적 요인, 가족이 조절 가능한 요인이 염증성 질환을 유발했다고 말하지 않는다. 또한 환아나 그 형제들에게 그 원인이 있는 것도 아니다. 분명히 그 부모들이 유전자를 선택할 수는 없지만 환아나 그 가족들이 병을 유발했다는 죄책감을 느끼는 것은 합리적이지 않다.

• • •

환아의 부모로써 병을 악화시키는 상황에 대해 우리는 무엇을 할 수 있습니까? 어떻게 우리는 그것들을 예방할 수 있겠습니까?

다시 말해, 환아의 만성 질병에 대해 부모로서 할 수 있는 것은 아무것도 없다. 그러나 그러한 환아를 보호할 수는 있다. 환아가 나이가 듦에 따라 증상이 있을 때 약을 복용하거나 의사에게 진료받는 것 등을 격려함으로 그들의 자발적인 책임감을 향상시켜 독립심을 키우는 것은 매우 좋은 생각이다. 이러한 만성 질환은 환아와 부모 사이의 긴장감을 형성시키며, 특별히 환아의 체중감소나 식욕부진은 부모들에게 있어 매우 심각한 문제이다. 소아기나 청소년기에 있는 환아들은 그들의 식욕과 체중 변화에 있어서 매우 민감하게 반응하여 두려움과 불안을 호소하기 때문에 의료팀과의 정직한 상담이 필요하다.

제 아이가 적당한 성장을 하고 있는지 어떻게 알 수 있습니까?

성장장애는 사춘기 이전에 생긴 크론병 환아에게 자주 올 수 있다.

- 성장장애는 예상 신장이나 체중에 미치지 못하는 경우를 포함한다. 염증성 장질환 환아들은 그들이 다른 반 친구들보다 키가 작다는 것을 인식하게 되고 이들의 부모들도 아이들의 옷과 신발의 치수가 오랜 기간 동안 변하지 않는 다는 것을 알게 될 것이다.
- 아이의 주치의는 차트에 아이의 예상 성장 곡선을 그린다. 이것은 6개월에서 12개월 간격으로 이루어진다. 이 차트를 통해 자녀의 성장 속도를 같은 나이의 다른 아이들의 평균 성장 속도와 비교하여 볼 수 있다. 이것은 간단한 방법이고 의사는 이런 차트들로 쟈녀의 성장 속도가 어떻게 진행할 지를 보여줄 수 있다. 의식 있는 부모는 아이의 발달에서 이러한 변화를 처음 인지하는 사람이다.
- 성장 장애의 또 다른 징후는 뼈 성장의 지연(이것은 엑스레이로 측정됨)과 사춘기 시작의 지연이다.

사춘기 지연이란 무엇입니까? 제 아이는 정상입니까?

사춘기가 염증성 장 질환 때문에 수년 지연됨에도 불구하고 대부분의 10대들은 정상까지 발달한다. 몇몇은 다른 친구들이 성장이 멈춘 후에도 사춘기 시작된 후 20대까지 키가 자란다. 많은 아이들이 이런 식으로 정상 신장까지 도달한다. 그리고 남아, 여아 모두에서 염증성 장질환은 생식능력에는 영향을 미치지 않는다.

• • •

저는 병에 대해 아이에게 얼마나 많은 정보를 주어야 합니까?

환자인 자녀는 자신의 병에 대해 많은 정보를 알고 싶다고 부모에게 말할 것이다. 부모들은 아이들에게 질문하도록 북돋아 주어야 하고 건강 관련 카운셀러와 이야기를 나눌 수 있도록 해주어야 한다. 의사들은 아이와의 대화를 나눔으로써 병을 더욱 잘 관리할 수 있다. 이처럼 대부분의 아이들은 그들도 자신의 병에 대한 정보를 알 때 더욱 자신을 잘 조절할 수 있다고 느낀다. 그러나 아이에게 너무 상세한 정보까지 알려주면서 압박할 필요까지는 없다.

어떻게 생활 중에 어려움을 극복할 수 있습니까?

자녀들은 염증성 장질환을 앓으면서도 쉽게, 잘 살 수 있는 많은 방법들을 배울 수 있다.

- 갑작스러운 설사나 복통은 공공 장소에서 아이들은 당혹스럽게 만들 수 있다. 몇몇 실질적인 계획이 있다. 환자 자녀가 식당, 쇼핑몰, 극장 등의 화장실의 위치를 파악하게 한다.
- 여분의 속옷이나 화장지를 지참하도록 하는 것도 현명한 방법이다.
- 학교에서도 병에 대처할 수 있도록 실질적은 방법을 자녀들에게 가르친다. 가까운 화장실의 위치를 알려주는 것과 더불어 필요 시 학교 양호실을 방문하도록 충고해야 한다.

● ● ●

아이의 선생님과 친구들에게도 병에 대해 알려주어야 합니까?

아이들은 깨어있는 시간의 대부분을 학교에서 보낸다. 학교는 아이들이 배우고, 뛰어 놀고, 사회화 되어 가는 곳이다. 즉, 학교는 아이들 세계의 중심이다. 이 때문에 학교선생님, 학교 관계자, 학교 간호사가 아이의 병에 대해 알고 있어야 한다.

- 이런 설명들은 아이가 화장실을 자주 가야 할 경우 좀더 쉽게 가도록 할 수 있고 간호사들은 더욱 특별히 도움을 줄 수 있다.
- 특히 아이의 병에 대한 정보는 아이가 병원에 입원하거나 잦은 결석이

있게 될 때 중요하다. 숙제를 받거나, 시험을 보는 등의 교육 정보도 아이에게 주어져야 한다. 필요하면 보충할 수 있는 계획도 만들어져야 한다.

- 학교는 자녀의 교육이 지속적으로 이루어 지도록 학교 체계가 잡혀야 한다. 부모와 자녀, 학교, 자녀의 의료팀이 어려운 문제를 해결할 수 있도록 대화 통로를 유지하는 게 중요하다.

자녀는 친구들에게 자신의 병에 대해 이야기 할지에 대해 결정해야 한다. 병에 대해 설명하는 게 아이에게는 어려울 수 있다. 그러므로 아이는 처음부터 친구들에게 자신의 병에 대해 설명하지 않으려 할 수 있다. 그러나 사람들이 그들의 병에 대한 이해가 나아지면 변화가 올 수 있다. 가능한 한 아이가 바라는 것을 존중해야 한다.

● ● ●

염증성 장질환을 갖고도 정상적인 삶은 가능합니까?

아마도 이것이 무엇보다도 가장 중요한 질문일 것이다. 크론병과 궤양성 대장염은 심각한 만성 질병이지만 치명적인 질병으로 여겨지진 않는다. 염증성 장질환을 갖고 있는 대부분의 사람들은 심지어 규칙적인 약물 복용이 필요하고 때때로 입원치료가 필요함에도 불구하고 활동적이고 생산적인 삶을 지속하고 있다. 때때로 병이 악화되어 약물 치료가 일시적으로 늘어나거나 추가적인 약물 사용이 필요하기도 하다.

그럼에도 불구하고, 병의 악화의 반복에도 많은 사람들은 만족스러움을 느끼고 상대적으로 증상을 덜 느낀다.

염증성 장질환 환자도 임신할 수 있습니까?

궤양성 대장염을 앓는 여성의 임신 성공율은 건강한 여성과 같고, 크론병 환자들의 경우에는 정상인에 비해 약간 낮다. 설파살라진을 복용중인 남성은 약물 복용 기간 동안 정자 생산이 일시적 감소하지만 약을 중단하면 곧 회복된다. 임신을 고려 중인 남성 환자들은 설파살라진을 잠시 중단하고 아미노살리실레이트 제제로 대체하는 것이 좋다.

염증성 장질환 이외의 기타 만성 질환을 앓는 많은 환자들도 순산을 하고 건강한 아기를 출산한다. 크론병 환자들은 가끔 조산, 자연 유산이 발생할 수는 있으므로 임신 중 건강한 상태를 유지하고 자주 점검받도록 해야 한다.

• • •

임신이 염증성 장질환에 영향을 줄 수 있습니까?

수태하기 전까지는 질병이 관해 상태로 되어 있어야 임신 기간을 잘 견딜 수 있다. 그렇지 않으면 임신 첫 3개월에 궤양성 대장염이 악화할 수 있고 임신 첫 3개월과 출산직후에 크론병이 악화할 수 있다. 임신 기간 중에라도 관해 상태에 돌입하면 임신 기간 내내 관해 상태가 잘 유지되도록 힘써야 한다.

임신 중이라도 약물 복용을 지속할 수 있습니까?

안전하고 지속할 수 있다. 임신이라는 과정을 겪게 되면 모든 임신부는 어떠한 약제라도 다 중단해야 하는 것으로 알고 있다. 그러나 설파살라진, 스테로이드, 아미노살리실레이트 약제들이 임신 중에 태아에게 지장을 주지는 않는다고 연구되었다. 정말 걱정해야 것은 임신 중 질병 자체가 악화하느냐 이지 약물의 위험성이 아니다. 임신 중에는 설파살라진과 아미노살리실레이트 제제는 마음 놓고 복용할 수 있다. 그리고 이들 약제가 임신 중이라는 이유로 부작용이 커지지는 않는다.

• • •

약물 복용 중이라도 수유가 가능합니까?

설파살라진은 모유로 전달이 되지만 그 양이 미미하며 아기에게 어떠한 해로움이 규명되지 않았다. 아미노살리실레이트 제제는 아기가 설사를 할 수도 있다. 스테로이드 제제는 수유 중에는 복용하지 않는 것이 좋다.

• • •

면역억제제를 임신 중에 사용할 때 고려할 점은 있습니까?

아자치오프린과 머캅토퓨린은 극히 심한 경우에 사용하는 약제들이다. 이 약제를 중단하면 질병 상태가 악화되기 때문에 관해 상태를 유지하기 위하여 꾸준히 사용해야 하지만 소아과 전문의와 상의하여 결정해야 한다. 메토트렉세이트는 선천성 기형과 유산을 일으킬 수 있으므로 임신 중에는 중단한다.

• • •

환자가 임신 중에도 진단적 검사를 받을 수 있습니까?

복부 초음파 검사, 내시경 검사와 장 조직 검사, MRI 등은 임신 중에도 시행 할 수 있다. 그러나 방사선 검사들은 출산 후로 미뤄야 한다. 그리고 임신 중에는 장 절제 수술을 받지 말고 출산 후로 미뤄야 한다. 태아의 생명에 장해가 될 수 있다.

• • •

출산한 아기가 염증성 장질환 환자가 될 가능성도 있습니까?

그 가능성은 부모 중 한 명이 환자이면 9%, 부모 모두가 환자이면 36% 라는 연구 보고가 있다. 어떠한 유전 양식으로 유전되는지 아직 규명되지는 않았다. 그렇기 때문에 단순히 가족적으로 발생한다, 혹은 유전성이 있다 라고 표현한다. 그러나 그 자손이 몇 살에 환자가 될 지는 아무도 가늠할 수 없다.

염증성 장질환 치료에 있어서 수술은?

약물 치료를 아무리 잘 하여도 병이 낫지 않으면 의사는 병변이 있는 부분을 잘라내도록 결정을 한다. 크론병의 경우 약으로 증상이 조절되지 않을 때 수술이 필요하다. 또한 장패쇄나 약으로 조절할 수 없는 다른 합병증이 있을 때 수술이 필요하다. 대부분의 경우 비가역적 손상을 받은 장을 절단하고 정상적인 장끼리 연결해준다. 이 수술을 "절단과 연결" 수술이라고 불린다. 그렇지만 크론병에서 수술을 통하여 몇 년간 증상이 없을 수 있지만 완치는 아니다. 연결부위나 그 주변에서 다시 재발하게 된다.

궤양성 대장염에서는 상황이 다르다. 수술을 통하여 대부분의 대장과 직장을 수술적으로 제거함으로써 완치할 수 있다. 수술은 단계별로 이루어 진다. 첫 번째. 인공적인 구멍을 복부에 만들고 그 구멍에 소장을 연결한다. 이를 회장조루술이라고 한다. 쉽게 말하면 인공항문인 셈이다. 회장조루술을 통하여 액상의 배설물이 피부에 부착된 작은 봉투에 모아지게 된다. 다음 수술에서는 남아있는 작은창자를 항문에 연결한다. 이 연결을 회장항문연결이라고 한다. 회장항문연결술이 아물면 회장조루술은 막아버린다. 장관운동은 정상적으로 항문까지 이루어진다. 이 수술은 크론병에서는 사용되지 않는다. 왜냐하면 항문에서 병이 생길 수 있기 때문이다.

이 병 때문에 매우 암울한데 우울증이 사라질 수 있을까요?

이 질환은 만성적인 질환이며 몹시 배가 아프고 또한 다양한 증상을 지니고 게다가 화장실도 자주 가야 하므로 환자들은 대개 우울증을 자주 겪는다. 때로는 그만 살고 싶기도 하다. 키는 왜 이리도 잘 안 자라고 남보다 한 뼘이나 작은 자신이 비참해 보이기도 하다. 그러나 긍정적인 마음을 갖자. 의사가 처방하는 약제를 잘 복용하고 병원 방문 약속 잘 지켜서 시행할 검사 꼬박꼬박 하면서 식단에 관한 의사의 조언을 잘 따르며 밝게 살아 보자. 환자는 몸과 마음이 맑아지고 통증과 불편도 서서히 사라짐을 느끼게 될 것이다.

현재 복용하는 약제나 치료 방법 등이 증상 개선에 도움이 되는지 아닌지를 잘 파악하여 부모에게 시시때때로 보고한다. 현재의 치료방법을 개선해야 할 필요가 있으면 언제든지 의사와 상의해야 한다. 환자의 모든 것을 책임지는 사람은 환자나 부모가 아니라 담당 의사이니까.

염증성 장질환 환아는 스포츠에 참여해야 합니까?

그렇다. 염증성 장질환을 갖고 있는 젊은 사람들은 가능한 활동적이어야 한다. 병이 조절되고 있을 때는 스포츠에 참여 못할 이유가 없다. 하지만, 강도 높은 스포츠는 피로하게 하고 복통, 관절염, 다른 증상을 악화시킬 수 있으므로 제한해야 한다. 게다가 장기간의 스테로이드 치료는 축구, 레슬링 같은 접촉성 스포츠 활동 시 골절의 위험률을 높일 수 있다. 이런 경우에는 수정된 운동 프로그램이 필요하다. 괜히 우울해가지고 집에 콕 박혀있으면 기분은 더 어두워지고 세상에 나 혼자 뿐인 것 같은 외로움에 사로잡히게 된다. 그리 되면 병변의 치유과정에 안 좋은 영향이 온다. 학교 생활도 적극적으로, 취미 활동이나 운동도 적극적으로 밝게 해야 한다.

• • •

여행을 할 수 있습니까?

그렇다. 약제를 충분히 소지해야 하며, 정맥 약제 투여 받을 예약이 되어 있다면 시간을 조정해야 한다. 여행지를 선택할 경우 음식과 수질을 평가하여 설사 등 장 증상을 가중시키지 않은 곳으로 정해야 하며 특히 화장실 사용이 용이해야 한다. 염증성 장질환의 치료 약제 중 많은 종류가 면역성을 약화시키므로 감염에 취약할 수는 있으나, 그렇다고 하여 여행을 가기 위해 생백신(소아마비, 황열, 로타 바이러스, 수두 등)을 접종하는 것은 위험할 수 있다. 대신, 주치의를 방문하여, 전염성 장염에 걸렸을 응급한 상황에서 사용할 비상약을 처방 받는다.

참고문헌

1. Tremaroli V, Backhed F. Functional interactions between the gut microbiota and host metabolism. Nature. 2012;489:242-9.

2. Sartor RB. Microbial influences in inflammatory bowel diseases. Gastroenterology. 2008;134:577-94.

3. Knights D, Lassen KG, Xavier RJ. Advances in inflammatory bowel disease pathogenesis: linking host genetics and the microbiome. Gut. 2013;62:1505-10.

4. Ng SC, Tang W, Ching JY, Wong M, Chow CM, Hui AJ, et al. Incidence and phenotype of inflammatory bowel disease based on results from the Asia-pacific Crohn's and colitis epidemiology study. Gastroenterology. 2013;145:158-65 e2.

5. Erickson AR, Cantarel BL, Lamendella R, Darzi Y, Mongodin EF, Pan C, et al. Integrated metagenomics/metaproteomics reveals human host-microbiota signatures of Crohn's disease. PLoS One. 2012;7:e49138.

6. Arumugam M, Raes J, Pelletier E, Le Paslier D, Yamada T, Mende DR, et al. Enterotypes of the human gut microbiome. Nature. 2011;473:174-80.

7. Backhed F, Manchester JK, Semenkovich CF, Gordon JI. Mechanisms underlying the resistance to diet-induced obesity in germ-free mice. Proc Natl Acad Sci USA. 2007;104:979-84.

8. Wu GD, Chen J, Hoffmann C, Bittinger K, Chen YY, Keilbaugh SA, et al. Linking long-term dietary patterns with gut microbial enterotypes. Science. 2011;334:105-8.

9. Zimmer J, Lange B, Frick JS, Sauer H, Zimmermann K, Schwiertz A, et al. A vegan or vegetarian diet substantially alters the human colonic faecal microbiota. Eur J Clin Nutr. 2012;66:53-60.

10. David LA, Maurice CF, Carmody RN, Gootenberg DB, Button JE, Wolfe BE, et al. Diet rapidly and reproducibly alters the human gut microbiome. Nature. 2013.

11. Lynch JB, Sonnenburg JL. Prioritization of a plant polysaccharide over a mucus carbohydrate is enforced by a Bacteroides hybrid two-component system. Mol Microbiol. 2012;85:478-91.

12. Fukuda S, Ohno H. Gut microbiome and metabolic diseases. Semin Immunopathol. 2014;36:103–14.

13. Ley RE, Backhed F, Turnbaugh P, Lozupone CA, Knight RD, Gordon JI. Obesity alters gut microbial ecology. Proc Natl Acad Sci USA. 2005;102:11070–5.

14. Turnbaugh PJ, Hamady M, Yatsunenko T, Cantarel BL, Duncan A, Ley RE, et al. A core gut microbiome in obese and lean twins. Nature. 2009;457:480–4.

15. Turnbaugh PJ, Ley RE, Mahowald MA, Magrini V, Mardis ER, Gordon JI. An obesity–associated gut microbiome with increased capacity for energy harvest. Nature. 2006;444:1027–31.

16. Le Chatelier E, Nielsen T, Qin J, Prifti E, Hildebrand F, Falony G, et al. Richness of human gut microbiome correlates with metabolic markers. Nature. 2013;500:541–6.

17. Sokol H, Pigneur B, Watterlot L, Lakhdari O, Bermudez–Humaran LG, Gratadoux JJ, et al. Faecalibacterium prausnitzii is an anti–inflammatory commensal bacterium identified by gut microbiota analysis of Crohn disease patients. Proc Natl Acad Sci USA. 2008;105:16731–6.

18. Sonnenburg JL, Xu J, Leip DD, Chen CH, Westover BP, Weatherford J, et al. Glycan foraging in vivo by an intestine–adapted bacterial symbiont. Science. 2005;307:1955–9.

19. Sonnenburg ED, Sonnenburg JL, Manchester JK, Hansen EE, Chiang HC, Gordon JI. A hybrid two–component system protein of a prominent human gut symbiont couples glycan sensing in vivo to carbohydrate metabolism. Proc Natl Acad Sci USA. 2006;103:8834–9.

20. Reyes A, Semenkovich NP, Whiteson K, Rohwer F, Gordon JI. Going viral: next–generation sequencing applied to phage populations in the human gut. Nat Rev Microbiol. 2012;10: 607–17.

21. Lepage P, Colombet J, Marteau P, Sime–Ngando T, Dore J, Leclerc M. Dysbiosis in inflammatory bowel disease: a role for bacteriophages? Gut. 2008;57:424–5.

22. Wong JM, de Souza R, Kendall CW, Emam A, Jenkins DJ. Colonic health: fermentation and short chain fatty acids. J Clin Gastroenterol. 2006;40:235–43.

23. Cummings JH, Macfarlane GT. The control and consequences of bacterial

fermentation in the human colon. J Appl Bacteriol. 1991;70:443–59.

24. Roediger WE. Role of anaerobic bacteria in the metabolic welfare of the colonic mucosa in man. Gut. 1980;21:793–8.

25. Harig JM, Soergel KH, Komorowski RA, Wood CM. Treatment of diversion colitis with short–chain–fatty acid irrigation. N Engl J Med. 1989;320:23–8.

26. Guillemot F, Colombel JF, Neut C, Verplanck N, Lecomte M, Romond C, et al. Treatment of diversion colitis by short–chain fatty acids. Prospective and double–blind study. Dis Colon Rectum. 1991;34:861–4.

27. Pacheco RG, Esposito CC, Muller LC, Castelo–Branco MT, Quintella LP, Chagas VL, et al. Use of butyrate or glutamine in enema solution reduces inflammation and fibrosis in experimental diversion colitis. WJG. 2012;18:4278–87.

28. Breuer RI, Buto SK, Christ ML, Bean J, Vernia P, Paoluzi P, et al. Rectal irrigation with short–chain fatty acids for distal ulcerative colitis. Preliminary report. Dig Dis Sci. 1991;36185–7.

29. Cummings JH. Short–chain fatty acid enemas in the treatment of distal ulcerative colitis. Eur J Gastroenterol Hepatol. 1997;9:149–53.

30. Scheppach W. Treatment of distal ulcerative colitis with short chain fatty acid enemas. A placebo–controlled trial. German–Austrian SCFA Study Group. Dig Dis Sci. 1996;41:2254–9.

31. Scheppach W, Sommer H, Kirchner T, Paganelli GM, Bartram P, Christl S, et al. Effect of butyrate enemas on the colonic mucosa in distal ulcerative colitis. Gastroenterology. 1992;103:51–6.

32. Patz J, Jacobsohn WZ, Gottschalk–Sabag S, Zeides S, Braverman DZ. Treatment of refractory distal ulcerative colitis with short chain fatty acid enemas. Am J Gastroenterol. 1996;91:731–4.

33. Steinhart AH, Hiruki T, Brzezinski A, Baker JP. Treatment of left–sided ulcerative colitis with butyrate enemas: a controlled trial. Aliment Pharmacol Ther. 1996;10:729–36.

34. Breuer RI, Soergel KH, Lashner BA, Christ ML, Hanauer SB, Vanagunas A, et al. Short chain fatty acid rectal irrigation for left–sided ulcerative colitis: a randomised, placebo controlled trial. Gut. 1997;40:485–91.

35. Saemann MD, Bohmig GA, Osterreicher CH, Burtscher H, Parolini O, Diakos C, et al. Anti-inflammatory effects of sodium butyrate on human monocytes: potent inhibition of IL-12 and up-regulation of IL-10 production. FASEB J: Off Publ Fed Am Soc Exp Biol. 2000;14:2380-2.

36. Menzel T, Luhrs H, Zirlik S, Schauber J, Kudlich T, Gerke T, et al. Butyrate inhibits leukocyte adhesion to endothelial cells via modulation of VCAM-1. Inflamm Bowel Dis. 2004;10:122-8.

37. Zimmerman MA, Singh N, Martin PM, Thangaraju M, Ganapathy V, Waller JL, et al. Butyrate suppresses colonic inflammation through HDAC1-dependent Fas upregulation and Fasmediated apoptosis of T cells. Am J Physiol Gastrointest Liver Physiol. 2012;302:G1405-15.

38. Klampfer L, Huang J, Sasazuki T, Shirasawa S, Augenlicht L. Inhibition of interferon gamma signaling by the short chain fatty acid butyrate. MCR. 2003;1:855-62.

39. Schreiber S, Rosenstiel P, Hampe J, Nikolaus S, Groessner B, Schottelius A, et al. Activation of signal transducer and activator of transcription (STAT) 1 in human chronic inflammatory bowel disease. Gut. 2002;51:379-85.

40. Segain JP, de la Raingeard Bletiere D, Bourreille A, Leray V, Gervois N, Rosales C, et al. Butyrate inhibits inflammatory responses through NFkappaB inhibition: implications for Crohn's disease. Gut. 2000;47:397-403.

41. Waldecker M, Kautenburger T, Daumann H, Busch C, Schrenk D. Inhibition of histone-deacetylase activity by short-chain fatty acids and some polyphenol metabolites formed in the colon. J Nutr Biochem. 2008;19:587-93.

42. Smith PM, Howitt MR, Panikov N, Michaud M, Gallini CA, Bohlooly YM, et al. The microbial metabolites, short-chain fatty acids, regulate colonic Treg cell homeostasis. Science. 2013;341:569-73.

43. Arpaia N, Campbell C, Fan X, Dikiy S, van der Veeken J, deRoos P, et al. Metabolites produced by commensal bacteria promote peripheral regulatory T-cell generation. Nature. 2013;504:451-5.

44. Furusawa Y, Obata Y, Fukuda S, Endo TA, Nakato G, Takahashi D, et al. Commensal microbe-derived butyrate induces the differentiation of colonic regulatory T cells. Nature. 2013;504:446-50.

45. Singh N, Gurav A, Sivaprakasam S, Brady E, Padia R, Shi H, et al. Activation of Gpr109a, receptor for niacin and the commensal metabolite butyrate, suppresses colonic inflammation and carcinogenesis. Immunity. 2014;40:128–39.

46. Atarashi K, Tanoue T, Oshima K, Suda W, Nagano Y, Nishikawa H, et al. Treg induction by a rationally selected mixture of Clostridia strains from the human microbiota. Nature. 2013;500:232–6.

47. Frank DN, St Amand AL, Feldman RA, Boedeker EC, Harpaz N, Pace NR. Molecular–phylogenetic characterization of microbial community imbalances in human inflammatory bowel diseases. Proc Natl Acad Sci USA. 2007;104:13780–5.

48. Mahowald MA, Rey FE, Seedorf H, Turnbaugh PJ, Fulton RS, Wollam A, et al. Characterizing a model human gut microbiota composed of members of its two dominant bacterial phyla. Proc Natl Acad Sci USA. 2009;106:5859–64.

49. Rajilic–Stojanovic M, Shanahan F, Guarner F, de Vos WM. Phylogenetic analysis of dysbiosis in ulcerative colitis during remission. Inflamm Bowel Dis. 2013;19:481–8.

50. Ananthakrishnan AN. Clostridium difficile infection: epidemiology, risk factors and management. Nat Rev Gastroenterol Hepatol. 2011;8:17–26.

51. Antharam VC, Li EC, Ishmael A, Sharma A, Mai V, Rand KH, et al. Intestinal dysbiosis and depletion of butyrogenic bacteria in Clostridium difficile infection and nosocomial diarrhea. J Clin Microbiol. 2013;51:2884–92.

52. Di Sabatino A, Morera R, Ciccocioppo R, Cazzola P, Gotti S, Tinozzi FP, et al. Oral butyrate for mildly to moderately active Crohn's disease. Aliment Pharmacol Ther. 2005;22:789–94.

53. Vance DE. Role of phosphatidylcholine biosynthesis in the regulation of lipoprotein homeostasis. Curr Opin Lipidol. 2008;19:229–34.

54. Zeisel SH, Mar MH, Howe JC, Holden JM. Concentrations of choline–containing compounds and betaine in common foods. J Nutr. 2003;133:1302–7.

55. Ludwig J, Viggiano TR, McGill DB, Oh BJ. Nonalcoholic steatohepatitis: mayo Clinic experiences with a hitherto unnamed disease. Mayo Clin Proc. 1980;55:434–8.

56. Sheth SG, Gordon FD, Chopra S. Nonalcoholic steatohepatitis. Ann Intern Med.

1997;126:137-45.

57. Charlton M. Cirrhosis and liver failure in nonalcoholic fatty liver disease: molehill or mountain? Hepatology. 2008;47:1431-3.

58. Henao-Mejia J, Elinav E, Jin C, Hao L, Mehal WZ, Strowig T, et al. Inflammasome-mediated dysbiosis regulates progression of NAFLD and obesity. Nature. 2012;482:179-85.

59. Spencer MD, Hamp TJ, Reid RW, Fischer LM, Zeisel SH, Fodor AA. Association between composition of the human gastrointestinal microbiome and development of fatty liver with choline deficiency. Gastroenterology. 2011;140:976-86.

60. Benson AK, Kelly SA, Legge R, Ma F, Low SJ, Kim J, et al. Individuality in gut microbiota composition is a complex polygenic trait shaped by multiple environmental and host genetic factors. Proc Natl Acad Sci USA. 2010;107:18933-8.

61. Werner T, Hoermannsperger G, Schuemann K, Hoelzlwimmer G, Tsuji S, Haller D. Intestinal epithelial cell proteome from wild-type and TNFDeltaARE/WT mice: effect of iron on the development of chronic ileitis. J Proteome Res. 2009;8:3252-64.

62. Dumas ME, Barton RH, Toye A, Cloarec O, Blancher C, Rothwell A, et al. Metabolic profiling reveals a contribution of gut microbiota to fatty liver phenotype in insulin-resistant mice. Proc Natl Acad Sci USA. 2006;103:12511-6.

63. Elinav E, Strowig T, Kau AL, Henao-Mejia J, Thaiss CA, Booth CJ, et al. NLRP6 inflammasome regulates colonic microbial ecology and risk for colitis. Cell. 2011;145:745-57.

64. Karrasch T, Kim J-S, Muhlbauer M, Magness ST, Jobin C. Gnotobiotic IL-10-/-; NF-kappa B(EGFP) mice reveal the critical role of TLR/NF-kappa B signaling in commensal bacteria-induced colitis. J Immunol. 2007;178:6522-32.

65. Martin FP, Rezzi S, Philippe D, Tornier L, Messlik A, Holzlwimmer G, et al. Metabolic assessment of gradual development of moderate experimental colitis in IL-10 deficient mice. J Proteome Res. 2009;8:2376-87.

66. Murdoch TB, Fu H, MacFarlane S, Sydora BC, Fedorak RN, Slupsky CM. Urinary metabolic profiles of inflammatory bowel disease in interleukin-10 gene-deficient mice. Anal Chem. 2008;80:5524-31.

67. Bjerrum JT, Nielsen OH, Hao F, Tang H, Nicholson JK, Wang Y, et al. Metabonomics in ulcerative colitis: diagnostics, biomarker identification, and insight into the pathophysiology. J Proteome Res. 2009;9:954-62.

68. Siri-Tarino PW, Sun Q, Hu FB, Krauss RM. Meta-analysis of prospective cohort studies evaluating the association of saturated fat with cardiovascular disease. Am J Clin Nutr. 2010;91:535-46.

69. Micha R, Wallace SK, Mozaffarian D. Red and processed meat consumption and risk of incident coronary heart disease, stroke, and diabetes mellitus: a systematic review and meta-analysis. Circulation. 2010;121:2271-83.

70. Lang DH, Yeung CK, Peter RM, Ibarra C, Gasser R, Itagaki K, et al. Isoform specificity of trimethylamine N-oxygenation by human flavin-containing monooxygenase (FMO) and P450 enzymes: selective catalysis by FMO3. Biochem Pharmacol. 1998;56:1005-12.

71. Wang Z, Klipfell E, Bennett BJ, Koeth R, Levison BS, Dugar B, et al. Gut flora metabolism of phosphatidyl choline promotes cardiovascular disease. Nature. 2011;472:57-63.

72. Aloi M, Tromba L, Di Nardo G, Dilillo A, Del Giudice E, Marocchi E, et al. Premature subclinical atherosclerosis in pediatric inflammatory bowel disease. J Pediatr. 2012;161:589-94 e1.

73. Rungoe C, Basit S, Ranthe MF, Wohlfahrt J, Langholz E, Jess T. Risk of ischaemic heart disease in patients with inflammatory bowel disease: a nationwide Danish cohort study. Gut. 2013;62:689-94.

74. Yarur AJ, Deshpande AR, Pechman DM, Tamariz L, Abreu MT, Sussman DA. Inflammatory bowel disease is associated with an increased incidence of cardiovascular events. Am J Gastroenterol. 2011;106:741-7.

75. Koeth RA, Wang Z, Levison BS, Buffa JA, Org E, Sheehy BT, et al. Intestinal microbiota metabolism of L-carnitine, a nutrient in red meat, promotes atherosclerosis. Nat Med. 2013;19:576-85.

76. Rebouche CJ, Seim H. Carnitine metabolism and its regulation in microorganisms and mammals. Annu Rev Nutr. 1998;18:39-61.

77. Polin V, Coriat R, Perkins G, Dhooge M, Abitbol V, Leblanc S, et al. Iron deficiency: from diagnosis to treatment. Dig Liver Dis. 2013;45:803-9.

78. Kulnigg S, Gasche C. Systematic review: managing anaemia in Crohn's disease. Aliment Pharmacol Ther. 2006;24:1507-23.

79. Gisbert JP, Bermejo F, Pajares R, Perez-Calle JL, Rodriguez M, Algaba A, et al. Oral and intravenous iron treatment in inflammatory bowel disease: hematological response and quality of life improvement. Inflamm Bowel Dis. 2009;15:1485-91.

80. Erichsen K, Ulvik RJ, Nysaeter G, Johansen J, Ostborg J, Berstad A, et al. Oral ferrous fumarate or intravenous iron sucrose for patients with inflammatory bowel disease. Scand J Gastroenterol. 2005;40:1058-65.

81. Lindgren S, Wikman O, Befrits R, Blom H, Eriksson A, Granno C, et al. Intravenous iron sucrose is superior to oral iron sulphate for correcting anaemia and restoring iron stores in IBD patients: a randomized, controlled, evaluator-blind, multicentre study. Scand J Gastroenterol. 2009;44:838-45.

82. Reifen R, Matas Z, Zeidel L, Berkovitch Z, Bujanover Y. Iron supplementation may aggravate inflammatory status of colitis in a rat model. Dig Dis Sci. 2000;45:394-7.

83. Seril DN, Liao J, Ho KL, Warsi A, Yang CS, Yang GY. Dietary iron supplementation enhances DSS-induced colitis and associated colorectal carcinoma development in mice. Dig Dis Sci. 2002;47:1266-78.

84. Knobel Y, Glei M, Osswald K, Pool-Zobel BL. Ferric iron increases ROS formation, modulates cell growth and enhances genotoxic damage by 4-hydroxynonenal in human colon tumor cells. Toxicol in vitro. 2006;20:793-800.

85. Brandl K, Rutschmann S, Li X, Du X, Xiao N, Schnabl B, et al.Enhanced sensitivity to DSS colitis caused by a hypomorphic Mbtps1 mutation disrupting the ATF6-driven unfolded protein response. Proc Natl Acad Sci USA. 2009;106:3300-5.

86. Goldsmith JR, Cocchiaro JL, Rawls JF, Jobin C. Glafenine-induced intestinal injury in zebra fish is ameliorated by mu-opioid signaling via enhancement of Atf6-dependent cellular stress responses. Dis Model Mech. 2012;6:146-59

87. Kaser A, Blumberg RS. Autophagy, microbial sensing, endoplasmic reticulum stress, and epithelial function in inflammatory bowel disease. Gastroenterology. 2011;140:1738-47

88. Cadwell K, Liu JY, Brown SL, Miyoshi H, Loh J, Lennerz JK, et al. A key role for autophagy and the autophagy gene Atg16l1 in mouse and human intestinal Paneth cells. Nature. 2008;456:259-63 .

89. Cooney R, Baker J, Brain O, Danis B, Pichulik T, Allan P, et al. NOD2 stimulation induces autophagy in dendritic cells influencing bacterial handling and antigen presentation. Nat Med. 2010;16:90-7.

90. Travassos LH, Carneiro LA, Ramjeet M, Hussey S, Kim YG, Magalhaes JG, et al. Nod1 and Nod2 direct autophagy by recruiting ATG16L1 to the plasma membrane at the site of bacterial entry. Nat Immunol. 2010;11:55-62.

91. Werner T, Wagner SJ, Martinez I, Walter J, Chang JS, Clavel T, et al. Depletion of luminal iron alters the gut microbiota and prevents Crohn's disease-like ileitis. Gut. 2011;60:325-33.

92. Devkota S, Wang Y, Musch MW, Leone V, Fehlner-Peach H, Nadimpalli A, et al. Dietary-fat-induced taurocholic acid promotes pathobiont expansion and colitis in IL-10-/- mice. Nature. 2012;487:104-8.

93. Miller TW, Wang EA, Gould S, Stein EV, Kaur S, Lim L, et al. Hydrogen sulfide is an endogenous potentiator of T cell activation. J Biol Chem. 2012;287:4211-21.

94. Pitcher MC, Cummings JH. Hydrogen sulphide: a bacterial toxin in ulcerative colitis? Gut. 1996;39:1-4.

95. Laue H, Denger K, Cook AM. Taurine reduction in anaerobic respiration of Bilophila wadsworthia RZATAU. Appl Environ Microbiol. 1997;63:2016-21.

96. Lindstedt S, Avigan J, Goodman DS, Sjovall J, Steinberg D. The effect of dietary fat on the turnover of cholic acid and on the composition of the biliary bile acids in man. J Clin Investig. 1965;44:1754-65.

97. Truelove SC. Ulcerative colitis provoked by milk. Br Med J. 1961;1:154-60.

98. Taylor KB, Truelove SC. Circulating antibodies to milk proteins in ulcerative colitis. Br Med J. 1961;2:924-9.

99. Jewell DP, Truelove SC. Circulating antibodies to cow's milk proteins in ulcerative colitis. Gut. 1972;13:796-801.

100. Mbodji K, Charpentier C, Guerin C, Querec C, Bole-Feysot C, Aziz M, et al. Adjunct therapy of n-3 fatty acids to 5-ASA ameliorates inflammatory

score and decreases NF-kappaB in rats with TNBS-induced colitis. J Nutr Biochem.2013;24:700-5.

101. Whiting CV, Bland PW, Tarlton JF. Dietary n-3 polyunsaturated fatty acids reduce disease and colonic pro-inflammatory cytokines in a mouse model of colitis. Inflamm Bowel Dis. 2005;11:340-9.

102. Monk JM, Jia Q, Callaway E, Weeks B, Alaniz RC, McMurray DN, et al. Th17 cell accumulation is decreased during chronic experimental colitis by (n-3) PUFA in Fat-1 mice. J Nutr. 2012;142:117-24.

103. Okada Y, Tsuzuki Y, Sato H, Narimatsu K, Hokari R, Kurihara C, et al. Trans fatty acids exacerbate dextran sodium sulphate-induced colitis by promoting the up-regulation of macrophage-derived pro-inflammatory cytokines involved in T helper 17 cell polarization. Clin Exp Immunol. 2013;174:459-71.

104. Belluzzi A, Brignola C, Campieri M, Pera A, Boschi S, Miglioli M. Effect of an enteric-coated fish-oil preparation on relapses in Crohn's disease. N Engl J Med. 1996;334:1557-60.

105. Feagan BG, Sandborn WJ, Mittmann U, Bar-Meir S, D'Haens G, Bradette M, et al. Omega-3 free fatty acids for the maintenance of remission in Crohn disease: the EPIC randomized controlled trials. JAMA. 2008;299:1690-7.

106. Cohen AB, Lee D, Long MD, Kappelman MD, Martin CF, Sandler RS, et al. Dietary patterns and self-reported associations of diet with symptoms of inflammatory bowel disease. Dig Dis Sci. 2013;58:1322-8.

107. Gasche C, Dejaco C, Waldhoer T, Tillinger W, Reinisch W, Fueger GF, et al. Intravenous iron and erythropoietin for anemia associated with Crohn disease. A randomized, controlled trial. Ann Intern Med. 1997;126:782-7.

108. Stein J, Bager P, Befrits R, Gasche C, Gudehus M, Lerebours E, et al. Anaemia management in patients with inflammatory bowel disease: routine practice across nine European countries. Eur J Gastroenterol Hepatol. 2013;25:1456-63.

109. Vavricka SR, Schoepfer AM, Safroneeva E, Rogler G, Schwenkglenks M, Achermann R. A shift from oral to intravenous iron supplementation therapy is observed over time in a large Swiss cohort of patients with inflammatory bowel disease. Inflamm Bowel Dis. 2013;19:840-6.

110. Claesson MJ, Jeffery IB, Conde S, Power SE, O'Connor EM, Cusack S, et al. Gut

microbiota composition correlates with diet and health in the elderly. Nature. 2012;488:178-84.

111. Vazquez-Roque MI, Camilleri M, Smyrk T, Murray JA, Marietta E, O'Neill J, et al. A controlled trial of gluten-free diet in patients with irritable bowel syndrome-diarrhea: effects on bowel frequency and intestinal function. Gastroenterology. 2013;144(5):903-11 e3.

112. Peery AF, Barrett PR, Park D, Rogers AJ, Galanko JA, Martin CF, et al. A high-fiber diet does not protect against asymptomatic diverticulosis. Gastroenterology. 2012;142:266-72.

113. Sharara AI, El-Halabi MM, Mansour NM, Malli A, Ghaith OA, Hashash JG, et al. Alcohol consumption is a risk factor for colonic diverticulosis. J Clin Gastroenterol. 2013;47:420-5.

114. Catassi C, Kryszak D, Bhatti B, Sturgeon C, Helzlsouer K, Clipp SL, et al. Natural history of celiac disease autoimmunity in a USA cohort followed since 1974. Ann Med. 2010;42:530-8.

IBD(염증성 장질환)의
Healing Foods

2014년 12월 26일 인쇄
2014년 12월 31일 발행

정가 15,000원

발 행 자 : 최 병 진
발 행 처 : 도서출판 고 려 의 학
(136-821) 서울시 성북구 성북로 9길 1 보문빌딩 3층
Tel. 765-0333 , 765-0337
Fax. 743-2288

ISBN 978-89-7043-337-0

등록번호 : 제 1-519호 1978. 6. 29.